KB153156

숯불구이

당신의 개인적인 야외 축제!

여름을 푸름이 있는 야외에서 즐기시고 또 '주방'을 바깥으로 옮겨 보세요.
목탄 구이를 조금만 손질하시면 맛있는 잘게 썬 고기와 파삭파삭한 소시지,
연한 생선, 과일과 채소에서 우러나오는 매혹적인 향기가 유혹할 것입니다.
그리고 크고 작은 가족 구성원 및 손님들에게 즐거움을 주고
지루한 여름밤을 최상의 파티로 만들어 줍니다.
완벽한 마무리로 신선한 샐러드와 자극적인 소스, 맛있게 양념된 버터와
근사한 처트니가 있습니다.
자! 친구들을 초대하고, 그릴 기구를 꺼내 시작합시다.

차 례

숯불구이 하는 요령

숯불구이 파티는 여름의 절정을 이루기에 무리가 없다. 불을 피우는 것에서부터 청소에 이르기까지 성공적으로 즐기기 위해 알아두어야 할 것이 있다. 이제부터 선택의 폭이 다양하고 맛있으며, 건강에도 좋은 음식을 만들기 위해 숯불구이의 기본적인 요령에 관해 알아보자.

최고의 숯불구이 기구

햇빛이 우리를 밖으로 유혹할 때쯤 숯불구이 시즌은 시작된다. 이미 있던 구이 도구들은 긴 겨울잠에서 깨어나거나 새로운 것들로 대체된다. 새로운 것을 살 때에는 얼마나 자주 또한 얼마나 많은 양을 구울 것인지 생각해 봐야한다. 왜냐하면 그것에 따라서 도구의 크기가 결정이 되기 때문이다. 숯불구이 도구는 우선적으로 단단하고, 사용하기 쉬워야 하며 청소하는 것이 어렵지 않아야 한다. 그밖에 필요한 도구들은 개인적인 투자 정도에 따라 결정된다. 예를 들면 구이에 열광하는 사람들을 감동시키는 전기 회전꼬치가 달려있는 비싼 완성품도 있다. 대부분의 목탄(숯) 구이들은 적어도 필요에 따라 배터리나 케이블에 의해 작동을 하는 회전 꼬치를 걸어놓을 수 있는 장치가 있다. 직육면체의 도구나 수직 구이 도구는 이제까지의 모든 석쇠에 대한 상식을 뒤집어 놓았다. 가운데에는 구이 숯을 담는 철 바구니가 수직으로 세워져 있고, 왼쪽과 오른쪽으로 음식이 담긴 숯불구이 바구니가 수직으로 걸려있어 돌아가면서 계속 구워진다. 이런 종류의 숯불구이를 할 때에 좋은 점은 기름이 불에 닿지 않기 때문에 연기가 나지 않는다는 것이다. 그러나 전통적인 구이 도구보다 고기가 덜 익는다는 단점이 있다. 이상적인 것은 건강을 해치는 모든 요소를 배제시킬 수 있는 전기 또는 가스 구이 도구를 사용하는 것이다. 그러나 이런 경우 '모닥불 로맨스'를 느낄 수 없다.

마지막으로 구이 도구 중에서 가장 작은 것을 소개하려고 한다. 신발 상자 정도의 크기인데 높이는 그것의 반도 안 된다. 이것은 구이 숯과 불을 피우는 도구, 성냥개비 등 모든 필요 물품들을 다 넣은 상태에서 손으로 들고 야외로 운반할 수 있다. 이것의 열기는 20개의 커틀릿을 익힐 정도다.

숯불구이를 위한 소도구

다른 요리를 할 때도 그렇지만, 숯불구이에서도 올바른 소도구를 쓰는 것이 중요하다. 일단 손이 열에 너무 가까이 닿지 않게 하기 위해 구이 도구들은 긴 손잡이를 갖는 것이 가장 중요하다. 화상을 막는 또 다른 것으로 기다란 목이 있는 장갑이 있다. 음식을 뒤집는 구이 집게도 없어서는 안 된다. 구이 삽으로는 목탄을 계속 공급하거나 필요에 따라 잘 분산시킬 수 있다. 고기온도계는 고기가 제대로 익었는지 확인할 수 있기 때문에 역시 필요하다.

숯불구이 도구를 선택할 수 있는 폭은 넓다. 장치를 살 때 단단함과 동그란 모서리로 되어 있는 것이 좋다.

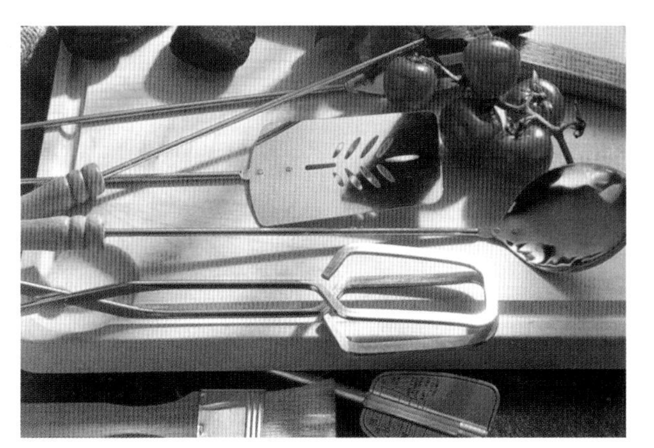

열로 인해 화상을 입지 않게 하기 위한 긴 손잡이는 모든 불고기 요리 도구들의 공통점이다.

마리나데(양념)나 요리기름을 바르는 데는 보통 쓰는 부엌 붓을 쓸 수 있는데 털이 인공적인 것인지의 여부를 미리 확인한다. 플라스틱 털은 열로 인해 녹을 수 있기 때문에 피한다.

추가적으로 필요한 도구

생선을 좋아하시는 분은 특별히 한 개 이상의 생선구이 바구니를 구입하는 것이 좋다. 두 종류가 있는데, 큰 생선인 송어나 고등어가 들어갈 바구니와 작은 청어류가 많이 들어갈 수 있는 멀티바구니가 있다. 많이 쓰는 목탄 구이에서는 알루미늄 구이 팬을 써야 한다. 익는 음식에서 흘러나오는 기름은 냄비에 장착된 골에 흘러서 연소되어 건강에 나쁜 물질로 변질되는 것을 방지한다.

냄비에는 작은 구멍이 나있어 음식이 적당히 익고 맛도 알맞게 된다. 마리나데를 발랐거나 지방이 많은 고기는 당연히 구이팬에 넣지만, 연한 고기나 생선, 야채 그리고 과일과 같이 상하기 쉬운 재료는 될 수 있는 대로 넣지 않는 것이 좋다. 그리고 다진 고기가 석쇠구멍으로 떨어지는 것을 방지하기 위해 즉시 한꺼번에 넣도록 한다. 알루미늄 팬을 쓸 때 굽는 시간이 더 늘어나야 한다는 사실을 잊지 말자.

숯불구이 장소

숯불구이는 교외에서 가장 많이 한다. 자기집의 발코니 혹은 정원에서, 아니면 셋집의 발코니에서 구이를 한다고 해서 법적으로 뭐라고 할 수는 없는 것이지만, 연기와 굽는 냄새가 이웃에게 방해를 줄 수 있다는 것을 생각해야 한다. 저녁식사로 구이를 하기로 마음을 먹고 실행하기 전에 이웃들에게 양해를 구하든가 아니면 초대를 하라. 숯불구이가 법적으로는 허용이 되어 있기는 하지만 숯불구이 파티를 중단하라고 요구할 수도 있다. 물론 방해를 받는 정도는 주관적인 것이기는 하지만…….

저녁식사로 숯불구이를 하면 충분히 시끄럽게 진행될 수가 있다. 하지만 적어도 밤 10시 이후에는 소음을 낮춰야 한다. 왜냐하면 참여하지 않는 사람들은 소음을 참기 힘들어한다.

야외에서 숯불구이 하고 싶을 때에는 시나 단체 관할 내에서 공공의 숯불구이 장소를 알아보라. 어디에서나 구이가 허용되지는 않기 때문이다.

연소물질

숯불구이 장치에 가장 알맞고 어느 슈퍼마켓에서나 구할 수 있는 연소물질은 작거나 큰 모양의 목탄이다. 목탄은 커틀릿, 스테이크, 소시지, 조류나 채소에 충분한 열을 공급해준다.

목탄이 완전히 달궈지고 흰 재 층이 생기면 숯불구이 요리사의 마음은 따뜻해진다.

구이에 사용되는 목탄은 열 강도가 월등히 높아서 석쇠의 높이가 조절될 수 있는 큰 구이장치에서만 사용될 수 있다. 또한 목탄은 열을 오랫동안 간직하고 있어서 큰 조각의 고기를 익힐 때나 꼬치를 사용할 때, 알루미늄 구이 냄비를 사용할 때에 적절하다. 코코넛 껍질로 된 목탄은 환경친화적이고 생산적이다. 오래 유지되는 열은 목탄보다 80퍼센트 더 적은 재를 남긴다. 포장이 열린 연소물질을 바깥에다가 오래 놔두면 목탄이 습기를 빨아들여 불이 붙는데 어려워지므로 주의한다. 그리고 절대로 사용하지 말아야 할 것은 낡은 종이와 오래된 나무 조각이다. 둘 다 연소될 때 독성이 있는 가스를 내뿜어 타오르는 도중 음식에 흡수될 수 있기 때문이다.

불 피우기

이것은 아주 중요하므로 꼭 기억해 두자. 모든 사람들이 배고픈 상태에서 식탁에 앉아있을 때 불을 피우기 시작하지 마라. 그러면 숯불구이 중 즐거워야 할 분위기가 가라앉을 수 있다. 목탄이 제대로 달궈지는데 걸리는 45~60분과 음식을 익히는데 드는 시간을 미리 고려해서 시작을 해야 한다. 그리고 재가 날아 다니지 않게 바람이 없는 곳에 구이장치를 놓고, 구이장치 중앙에 연소물질을 피라미드형으로 쌓아놓는다. 평균적인 양을 구이 할 때에는 500g의 구이 숯이 필요하다. 특히 불을 피우는데 종이, 판지, 휘발유나 알코올 등을 사용하면 안 된다. 그것을 사용함으로써 나타나는 산화 염은 가장 심한 화상까지 일으킬 수 있다. 대신 고체 형태나 액체 형태, 젤 형태이며 또한 건강을 해치지 않는 목탄 점화기를 추천한다. 점화기를 연소물질 군데군데에 놓고, 점화할 때는 '난로 성냥개비'라고 불려지는 특별히 긴 성냥개비를 사용하라. 보통 성냥개비나 라이터로는 손가락에 화상을 입을 수 있다. 10~15분 정도 지나도 불꽃이 제대로 퍼지지 않으면 풀무나 접힌 신문으로 퍼지게 하라. 드라이기는 불꽃이 튀길 수 있는 위험 때문에 사용하지 않는다.

음식을 익히기 전에 연소물질 곳곳에 불이 퍼져야 하고, 흰 재 층으로 뒤덮여 있어야 한다. 작은 양의 구이를 위해서는 이 정도의 열이 알맞다. 더 많은 양을 추가시키려면 달구어진 목탄더미를 삽으로 두 더미로 분리시키고, 분리된 부분에 목탄을 추가로 넣으라. 이때도 역시 다 달궈지고 흰 재 층이 생길 때까지 기다려야 한다. 석쇠를 너무 일찍 불 위에 놓으면 그을음 투성이가 되고 음식이 상할 수도 있으므로, 구이석쇠를 걸기 적당한 때가 될 때까지 신중해야 한다.

연료를 추가할 때도 석쇠를 치우는 것이 좋다.

여러분의 숯불구이 기구에 물건을 놓을 만한 공간이 없으면 구이 근처에 탁자를 놓아서 구이 기구와 장갑, 불을 끌 수 있는 작은 물병, 음식거리와 마리나데를 놓을 수 있다.
지방이 없는 고기를 구울 때는 음식물이 석쇠에 달라붙지 않게 맨처음 음식을 놓기 전 석쇠에 기름을 바른다. 그리고 한가지 더 좋은 방법은 음식을 석쇠에 올려놓기 전에 초(시간) 실험을 해 보는 것이다. 손바닥을 석쇠 바로 위에다가 2초 정도 댈 수 있으면 시작하기 딱 좋다. 열이 더 강하면 손을 더 빨리 치우게 된다. 이런 경우에는 목탄더미를 삽으로 갈라놓아서 열을 줄여야 한다. 아니면 석쇠를 한 단계 더 높이 달면 된다. 만약에 2초 이상을 견딜 수 있으면 열이 너무 부족하다는 뜻이다. 이럴 경우에는 목탄을 더 모이게 만들거나 추가한다.
처음의 강한 열은 큰 고기조각, 스테이크, 커틀릿이나 두꺼운 갈비를 익히는데 사용하라. 고기를 너무 일찍 뒤집지 말고, 양면이 고루 익을 수 있도록 충분한 시간을 주어야 한다. 혹은 위쪽에서 육수가 흘러나오면 조각을 뒤집는다. 살짝 구웠으면 고기에 양념, 마리나데나 구이기름을 바른다. 이 맛을 강화하는 재료가 불에 흘러서 연소되지 않게 적당히 써야 한다. 안 그러면 벤조피린과 같은 건강을 해치는 물질이 발생할 수 있다.
이런 발암물질은 연소된 기름연기와 함께 음식 위에 쌓이게 된다.
탄 부분은 미련 없이 잘라버려야 하는데, 탄 부분에도 건강에 안 좋은 다환식多環式의 탄화수소가 들어 있기 때문이다. 돼지 갈비, 햄비계살, 소시지, 두껍고 삶은 소시지같이 소금에 절인 육류는 구이를 하면 안 된다. 열 때문에 또 암을 유발하는 니트로아민이 생길 수 있기 때문이다.

고기를 연하게 하는 양념기름

지방분이 적은 고기는 강한 열로 인해서 빨리 건조하고 질기게 된다. 따라서 숯불구이하기 위해서는 지방 심으로 덮인 대리석 무늬의 고기가 적당하다. 지방은 고기를 자연스럽게 연하게 만들기 때문에, 고기가 촉촉하게 유지되고 맛도 좋다. 생선도 지방이 많은 것을 선호한다. 양념기름을 발라 고기가 건조해지는 것을 예방하고 또 향을 주기도 한다. 이때 고기에 기름을 얇게 바르고 기름이 불 위로 떨어지지 않도록 주의한다.

이 양념기름은 혼자서도 충분히 만들 수 있다. 왼쪽으로부터 오른쪽까지 샐비어기름, 마른 허브를 첨가한 기름, 파슬리기름과 티미안기름.

그릴에서는 쇠바구니(철망)나 알루미늄 그릇 또는 꼬치를 준비해둔다.

구이기름은 완성된 것을 살 수도 있지만, 직접 만들면 값이 더 싸고 개성적이다.
1인당 200g의 고기를 먹고, 4인분이라고 가정할 때 2~3 TS의 기름(해바라기기름, 평자씨기름, 아니면 콩기름), 건조한 프로방스 허브 2~3ts, 방금 빻은 후추. 기호에 따라 레몬즙을 넣을 수 있다. 마리나데를 넣으면 고기가 특별히 향기가 있고 연해진다. 그냥 요리할 때처럼 밝은 마리나데(백포도주, 또는 셰리주나 버터를 채취한 후에 남는 신맛이 도는 우유)는 돼지고기나 조류 같은 밝은 색의 고기에 어울리고, 포도주나 맥주처럼 어두운 마리나데는 소나 양, 야생 동물 같은 어두운 색의 고기에 어울린다. 그리고 개인적인 입맛에 맞게 신선한 채소, 마늘, 양파와 레몬껍질 등을 넣어 양념한다. 고기를 굽기 전 몇 시간 동안 마리나데기름 속에 넣고 골고루 스며들도록 뒤집어준다. 처트니나 양념소스는 완성된 구이 소스인데 기호에 따라 빻은 생강이나 마늘로 대신할 수 있다. 구이를 하기 1시간 전에 소스를 바른 고기를 냉장고에 보관해 둔다.

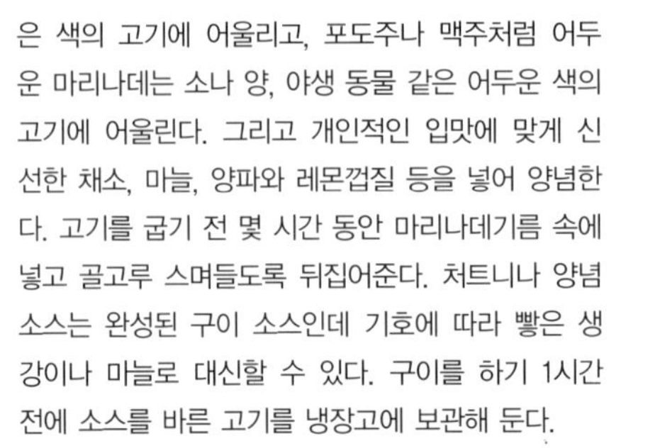

고기를 석쇠에서 굽기 전에 휴지 등으로 양념 소스를 제거하는데, 구이가 끝나기 직전에 다시 구이 소스를 바를 수도 있다. 혹시 소스에 잼이나 꿀이 첨가된 경우, 소스 안에 있는 당 성분 때문에 고기가 더 빨리 탈 수 있다. 이럴 때는 석쇠 위에 호일을 덮거나 알루미늄 구이 냄비에 넣고 굽는다. 구이를 하기 직전에 고기에 소금을 넣거나 마리나데나 양념기름을 넣어서는 안 된다. 소금은 고기 안에 있는 수분을 밖으로 내보내서 고기를 건조하게 만들기 때문이다. 대접하기 직전의 익은 고기에는 소금을 뿌려도 되며, 마리나데를 발라서 구운 고기에는 소금을 안 넣어도 좋다.

처트니(Chutney) : 달콤하고 시큼한 인도의 조미료.

꼬치를 돌리는 방법

구이 꼬치들은 다양한 모양 때문에 사랑을 많이 받고 있다. 꼬치를 꽂을 때 주의할 점은 다음과 같다. 나중에 음식을 잘 뺄 수 있도록 음식을 끼우기 전에 꼬치에 기름을 바른다. 작은 꼬치들은 호일 위나 알루미늄 구이 냄비에 넣고 굽는다. 나무 꼬치를 사용하기 전에 물로 식혀줘야 나중에 열을 견딜 수 있다. 재료들은 너무 작지 않게 일정한 크기로 자르고, 꼬치에 꽂을 때 음식사이가 닿아서 수분을 빼앗기지 않도록 해준다.
통닭, 통돼지, 송아지 무릎 관절이나 양 뒷다리는 큰 전기 회전꼬치에 적합하다.
닭 뒷다리는 부엌용 실로 묶고, 큰 구이가 회전하는 중에 석쇠 위로 떨어지지 않도록 불 위에 고정시키는 집게가 고기 깊숙하게 꽂혀 있는지 확인한다.

파티가 끝난 후 깨끗이 청소하는 방법

숯불구이 파티가 끝났으면 연소물질과 구이장치가 완전히 식을 때까지 그대로 놔 둔다. 쓰레기통 및 그 안에 있는 쓰레기가 아울러 탈 수 있기 때문에 반드시 식지 않는 재를 플라스틱 쓰레기 통이나 철로 된 쓰레기통에 넣지 않도록 주의한다.
작은 구이장치의 재를 꺼낼 때는 큰 신문 위에다가 뒤집어 엎어 꺼내는 방법이 있다. 큰 기구이거나 무거운 주철 기구라면 삽으로 재를 직접 꺼내면 된다. 아니면 불을 지피기 전에 구이 장치에 호일을 덮어서 나중에 식은 재와 통째로 꺼내는 방법이 있다. 구이용 석쇠는 단단한 철사 솔이나 철 수세로 깨끗하게 씻어두는 것이 좋다.

전기 회전꼬치로 익힌 고기의 속은 연하고 겉은 바삭바삭하다.

빨간무를 곁들인 간 치즈

❶ 빨간무를 씻어서 물기를 대충 빼고 4등분한다. 씻은 마늘을 작은 롤 모양으로 썬다. 무, 마늘과 해바라기 씨를 모두 섞는다.
❷ 기름에 겨자, 백리향, 후추를 넣고 젓는다. 겨자혼합물을 갈아놓은 치즈 조각의 양 옆에 바른다.
❸ 간 치즈를 알루미늄 구이 냄비에 넣고 앞 · 뒷 면을 3분씩 굽는다. 빨간무 혼합물을 간 치즈 위에다가 뿌려놓는다.

4인분

빨간무 1단 | **파 1단** | **해바라기 씨 1TS**
씨가 많이 함유된 겨자 2ts
마른 백리향 1ts | **기름 2TS**
방금 빻은 검정 색 후추
간肝 치즈 얇은 조각 4개(각 150g)
알루미늄 그릴 냄비 1개

1인분 당 칼로리 : 2300KJ / 550kcal
단백질 20g / 지방 52g / 탄수화물 3g

요리시간 : 약 25분

파인애플 · 햄 샌드위치

햄 조각은 너무 큰 열에서 금방 타버릴 수 있으므로 석쇠의 모서리에서 굽거나, 숯이 거의 다 식어갈 때를 이용해 굽는다.

❶ 치즈를 거칠게 문질러 으깬다. 씻은 마요란의 줄기에 있는 잎을 딴다.
❷ 기름이 발라진 큰 호일 4개 위에 햄을 놓는다. 윗면의 반 정도 되는 부분에 파인애플을 얹고 다시 그 위에 치즈와 마요란을 뿌린다. 후추로 간을 한다.
❸ 햄을 반으로 접는다. 기름을 바른 이쑤시개로 햄 중간을 꽂아 관통시킨다. 호일로 햄 전체를 감싼다.
❹ 강하지 않은 열에서 햄조각을 앞뒤로 3분씩 익힌다. 호일을 벗기고 햄을 토스트 위에 놓고 대접하면 된다.

더 자극적인 것을 원한다면 구다치즈 대신에 고급버섯치즈를 주사위 모양으로 자른 다음, 파인애플 위에 얹는다.

4인분

적당히 오래된 구다(Gouda) 치즈 100g
허브의 일종인 마요란 1단(건조한 것 4ts로 대체될 수 있음)
삶은 햄 큰 것 4개(각60g)
파인애플 4조각(캔에서)
금방 빻은 하얀 후추 | **토스트 4조각**
호일과 이쑤시개에 바를 기름
이쑤시개 4개

1인분 당 칼로리 : 1200kj / 290kcal
단백질 20g / 지방 16g / 탄수화물 19g

요리시간 : 약 20분

윗 사진은 무를 곁들인 간 치즈,
아래 사진은 파인애플 · 햄 샌드위치

양념이 밴 정어리

❶ 정어리를 흐르는 찬 물에 깨끗이 씻고, 휴지로 닦는다.
❷ 레몬을 뜨거운 물로 씻어, 건조하고 껍질을 윤기나게 한다. 얇은 조각으로 자르고 그 조각을 반으로 나눈다.
❸ 오레가노(향신료)와 파슬리를 씻은 후, 물기를 빼고 줄기를 뺀 상태에서 다진다. 껍질 깐 마늘을 다진다. 레몬껍질, 허브, 마늘을 기름과 후추에 넣고 젓는다.
❹ 정어리의 속과 겉에 기름혼합물을 바른다. 생선을 레몬조각으로 채우고 구이용 바구니나 알루미늄 구이 냄비에다가 넣는다. 양쪽을 5~8분 익힌다(청어는 8~12분). 중간 중간에 기름혼합물을 바른다.

4인분

요리에 적합하게 다듬어진 16개의 정어리
(8개의 청어로 대체될 수 있음)
레몬 1개 | **오레가노 1단**(건조된 것 2~3ts로 대체될 수 있음)
파슬리 1단 | **마늘 4쪽** | **콩기름 6TS**
거칠게 부서진 검정 색 후추 1/2ts
구이 바구니 아니면 알루미늄 구이 냄비

1인분 당 칼로리 : 1100KJ / 260kcal
단백질 40g / 지방 11g / 탄수화물 3g

요리시간 : 약 30분

세 가지의 꼬치

❶ 스캄피(참새우)와 토마토를 씻고 물기를 뺀다. 골파의 껍질을 벗긴다. 스캄피, 토마토, 골파를 번갈아 가며 기름을 바른 꼬챙이에 꽂는다.
❷ 닭 가슴 살을 씻고 물기를 뺀다. 호박을 씻고 물기를 뺀다. 등심, 호박, 파인애플을 먹기 좋은 크기로 자르고, 기름을 바른 꼬챙이에 꽂는다.
❸ 소 등심 살도 먹기 좋은 크기로 자른다. 양파를 4등분한다. 소 등심 살, 양파, 월계수 잎을 번갈아가며 꼬챙이에 꼽는다.
❹ 마리나데를 위해서 각각 후추와 카룸이 함유된 기름 2TS, 잼, 간장 후추를 함유한 기름 2TS, 칠리가루와 혼합된 기름 2TS을 만든다.
❺ 꼬치를 알루미늄 구이 팬에 넣고 8~12분 동안 익힌다. 참새우 꼬치에 카룸기름을 바르고, 닭 꼬치에는 콩기름을 그리고 등심꼬치에는 칠리기름을 바른다.

4인분

스캄피(참새우)꼬치 :
스캄피 날것, 껍질 있는 채로 12개
방울토마토 12개 | **골 파 100g**
조류꼬치 : **닭 가슴 살 400g**
중간정도 크기의 애호박 1개
신선한 파인애플 2조각
등심꼬치 :
소 등심 살 400g | **중간 크기의 양파 4개**
신선한 월계수 잎 4개
마리나데 :
기름 6TS | **방금 빻은 검정색 후추**
빻은 카룸 열매 1/2ts
오렌지 잼 2TS | **간장 2TS**
칠리가루 1/2ts
구이용 꼬치:
기름 | **구이꼬치**
알루미늄 구이 팬 2개

1인분 당 칼로리 : 1900kcal / 450kcal
단백질 48g / 지방 22g / 탄수화물 16g

요리시간 : 30~40분

사진 위쪽은 양념이 밴 정어리,
아래쪽은 세 가지의 꼬치요리

허브 송어

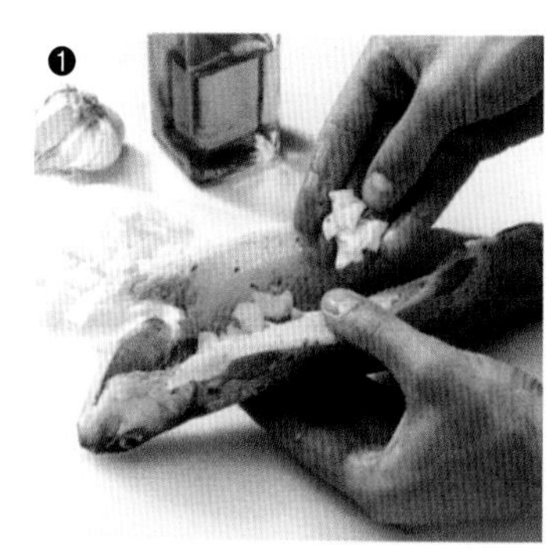

송어에는 강도 높은 지중해 허브가 더할 수 없이 좋은 양념이 된다.

4인분

요리를 위해 준비된 송어(각 300g) **4 마리** | **금방 빻은 검정 색 후추**

마늘 8쪽 | **차게 짠 올리브기름 1TS** | **얇은 조각의 베이컨**(덴마크 베이컨)

백리향 1단 | **신선한 샐비어 가지 1개** | **신선한 로즈마리 가지 1개** | **레몬 2개**

생선 그릴 바구니 4개

1인분 당 칼로리 : 2100KJ / 500kcal
단백질 43g / 지방 34g / 탄수화물 5g

요리시간 : 약 43분

❶ 흐르는 물에서 겉과 속을 깨끗이 씻는다. 생선의 겉과 속을 후추로 양념한다. 깐마늘을 얇은 원판모양으로 썰고, 그 마늘을 올리브기름을 바른 생선 속에 채워 넣는다.
❷ 고기의 양쪽에 날카로운 칼로 두번씩 X자 모양의 흠집을 낸다. 각 송어를 2개의 베이컨으로 감는다.
❸ 송어를 구이용 바구니에다가 넣는다. 백리향, 샐비어와 로즈마리를 씻고, 작게 썬다. 레몬은 뜨거운 물로 씻고 원판모양으로 썬다. 허브와 레몬을 바구니의 송어 사이에 뿌린다.
❹ 구이용 바구니를 닫고 송어의 각 면을 10~12분간 굽는다. 여기에는 구운 바게트가 잘 어울린다.

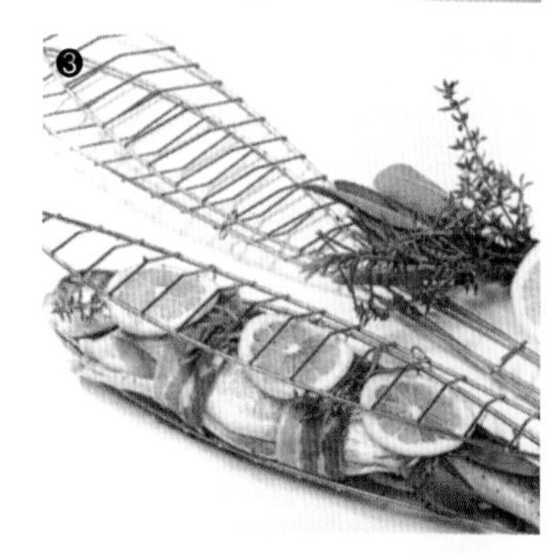

힌트

지중해 허브는 구울 때의 강한 열을 잘 견딘다. 연한 허브인 에스트라곤(Estragon, 쑥의 일종), 딜(Dill, 양념이나 허브로 쓰이는 서양자초)이나 파슬리를 사용하려면 송어를 호일로 싼다. 이때 베이컨을 쓰지 않아도 된다.

❶

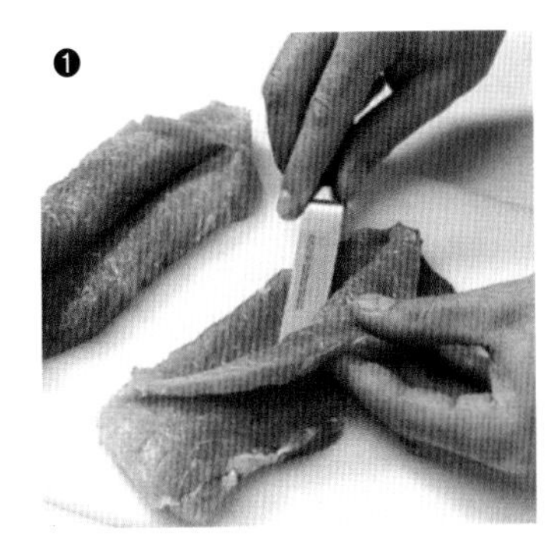

❷

❸

❹

치즈로 채워진 저민 돼지고기

삶은 햄과 자극적인 치즈는 단순한 저민 돼지고기를 맛있는 요리로 만들어 준다. 특별히 신선한 마요란 잎이 연한 향기를 준다.

4인분
저민 돼지고기 4개(각 200g, 2cm의 두께) | **소금** | **금방 빻은 흰 후추**
삶은 햄 조각 4개(각 30g) | **적당히 오래된 구다 치즈 조각 4**(각 30g)
신선한 마요란 가지(건조한 것 1ts) | **기름 2TS**
이쑤시개에 바를 기름 | **이쑤시개 4개**

1인분 당 칼로리 : 2200KJ / 520kcal
단백질 55g / 지방 33g / 탄수화물 2g

요리 시간 : 약 35분

❶ 2cm 두께의 절반을 칼로 깊숙이 파서 나중에 치즈 등이 끼어들어갈 수 있게 만든다(정육점에 가서 해달라고 하면 된다). 그 속을 후추와 소금으로 양념한다.
❷ 그 속 안에 삶은 햄과 구다 치즈 한 장씩을 넣어라.
❸ 마요란을 씻고 물기를 뺀다. 줄기에서 잎을 떼고, 그것의 2/3를 속 안에 넣는다.
❹ 기름을 바른 이쑤시개를 끼워 양면을 고정시키고, 고기의 각 면을 8~10분 동안 익힌다. 그 동안에 다진 마요란과 기름을 섞는다. 고기를 익히는 동안 이 기름을 발라준다. 이 요리에는 바삭바삭한 샐러드와 구즈베리 처트니가 잘 어울린다(조리법은 34p 참조).

속에 들어갈 재료는 얼마든지 바꿀 수 있다. 구다 치즈나 양젖치즈, 라클렛 치즈를 써도 되고, 삶은 햄 대신 생 햄을 써도 된다. 마요란 대신 저장된 녹색 후추, 백리향과 샐비어를 사용해도 된다.

등심 왕꼬치

❶ 돼지 등심 살을 2cm의 두께로 자른다. 비계조각을 각각 가로와 세로로 반을 가른다. 말린 자두 각각을 베이컨으로 감는다. 껍질 벗긴 양파를 반으로 나눈다. 피망을 4등분하고, 꼭지와 씨, 흰 분리벽을 떼어내, 먹기 좋은 크기로 썬다. 오이를 씻고 두꺼운 원형으로 썬다.
❷ 백리향을 씻고 물기를 뺀다. 잎을 떼어내고 기름과 후추와 같이 섞는다. 빵에 양념기름을 바르고 주사위모양으로 만든다.
❸ 준비된 재료들을 번갈아가며 기름이 발라진 꼬치에 꽂는다. 꼬치를 두루두루 20분 동안 익히고, 계속 양념기름을 발라준다.

4인분

돼지 등심 살 500g(4~5cm두께)
지방이 없는 베이컨 3조각
씨 없이 구운 자두 12개 | **기름 6TS**
중간 크기의 양파 8개
중간 크기의 녹색 피망 2개
작은 샐러드용 오이 1개
백리향 1단(건조된 것 2~3ts으로 대체될 수 있음) | **금방 빻은 검은 후추**
해바라기 빵 1조각
구이용 꼬치 큰 것 4개
구이용 꼬치에 바를 기름

1인분 당 칼로리 : 2700KJ / 640kcal
단백질 28g / 지방 57g / 탄수화물 52g

요리시간 : 약 40분

버섯 프리카델렌

❶ 필요하면 들버섯을 씻고, 다듬어, 정교하게 다진다. 껍질 벗긴 양파를 주사위 모양으로 썬다. 냄비에 버터를 녹인다. 들버섯과 양파를 그 안에 넣어서 수분이 다 증발될 때까지 익힌다. 소금과 후추로 버섯을 양념한다.
❷ 토스트 조각을 3분 동안 물에 넣어 불렸다가 짠다. 다진 고기, 계란 , 버섯 혼합물, 허브와 토스트를 그릇에 넣고 반죽을 만든다. 소금과 후추로 반죽의 간을 맞춘다.
❸ 그 반죽으로 프리카델렌(경단) 4개를 만들고 알루미늄 구이용 팬에서 양쪽을 8~10분씩 익힌다. 빵을 반으로 자르고 잘라진 부분을 2~3분 동안 굽는다.
❹ 마요네즈와 겨자, 소금, 후추를 모두 섞는다. 샐러리 잎을 씻고 물기를 뺀다. 오이를 씻고 얇은 원형으로 썬다.
❺ 빵 조각에 겨자, 마요네즈를 바르고 샐러리 잎과 오이 썬 것을 위에 얹는다. 다시 그 위에 프리카델렌 한 개를 올리고 나머지 빵 조각으로 덮는다.

4인분

들버섯 150g | **중간크기의 양파 1개**
요리용 버터 1TS | **소금**
방금 빻은 흰 후추 | **토스트 2개**
다진 소고기 350g | **작은 계란 1개**
냉동된 8가지 채소(혼합물) | **참깨 빵 4개**
샐러드용 마요네즈 2TS(캔에서)
중간정도 매운 겨자 2ts
샐러리 잎 8개 | **샐러드 오이 1조각**(250g)
알루미늄 구이 팬 1개
구이용 팬에 바를 기름

1인분 당 칼로리 : 2100KJ / 500kcal
단백질 28g / 지방 30g / 탄수화물 33g

요리시간 : 약 30분

사진위는 버섯 프리카텔렌
아래는 큰 등심 꼬치,

콩샐러드와 닭고기

❶ 닭 가슴 살을 씻어 물기를 빼고, 후추로 양념한 후 겨자를 바른다. 에스트라곤을 씻고 물기를 뺀다. 잎을 뜯어내어 닭 가슴 살에 뿌린다. 각각의 닭 가슴 살을 비계조각으로 감고 이쑤시개 하나씩을 꽂는다.
❷ 식초와 소금, 후추를 섞는다. 깐마늘을 으깬다. 기름을 부어 섞는다.
❸ 양파의 껍질을 까고 주사위 모양으로 썬다. 콩을 물에 씻고 양파와 함께 마리나데에 넣는다. 파슬리 다진 것을 같이 섞는다.
❹ 닭 가슴 살을 알루미늄 구이용 팬에 넣고 양면을 6분간 익힌다. 샐러드와 함께 접시에 넣고 대접을 한다.

4인분

닭 가슴 살 8개(각 100g)
금방 빻은 흰 후추
씨가 많이 함유된 겨자 4ts
신선한 에스트라곤 가지 6개(건조된 것 1ts로 대체될 수 있음)
아침용 얇은 베이컨 8개
샐러드 재료 :
백포도주 식초 4TS | 소금
금방 빻은 흰 후추 | 마늘 1쪽
기름 6TS | 중간크기의 양파 4개
빨간 콩 1캔(물을 뺀 265g)
파슬리 2단 | 이쑤시개 8개
알루미늄 구이 팬

1인분 당 칼로리 : 2900KJ / 690kcal
단백질 61g / 지방 31g / 탄수화물 38g

요리시간 : 약30분

국수샐러드와 소시지꼬치

❶ 포장지에 적힌 지시대로 국수를 소금물에 적당히 끓인다. 소금물에서 건져 찬물에 식힌 다음 물기를 없앤다.
❷ 빨간무를 씻어서 닦고 4등분한다. 상치를 깨끗하게 씻고, 얇게 세로로 가른다. 마요네즈를 우유와 섞는다. 소금, 후추, 레몬즙과 설탕으로 간을 맞춘다. 국수를 완두, 무, 상치와 혼합한다. 마지막으로 마요네즈와 섞는다.
❸ 호박과 옥수수는 똑같이 1cm의 두께로 자른다. 방울 토마토를 씻어두고 소시지를 3cm 길이로 자른다.
❹ 호박, 옥수수, 소시지조각과 토마토를 번갈아가면서 기름으로 발라진 꼬치에 꽂는다. 꼬치를 알루미늄 구이용 팬에다 놓고 8~10분간 굽는다. 그동안 몇 번 기름을 발라준다.

4인분

국수샐러드 재료 :
소금 | 뿔 모양의 국수 250g
빨간무 1단 | 통상치 반개
샐러드마요네즈 150g(병에서)
우유 3~4TS | 금방 빻은 흰 후추
레몬 즙 1ts | 설탕 한줌
냉동된 완두콩 150g
소시지꼬치 재료 :
중간 크기의 호박 | 방울토마토 150g
옥수수 2개(신선한 것 아니면 캔)
비엔나 소시지 2개 | 기름 2TS
구이용 꼬치에 바를 기름 | 구이 꼬치 4개
알루미늄 구이용 팬 1개

1인분 당 칼로리 : 2600KJ / 620kcal
단백질 20g / 지방 29g / 탄수화물 74g

요리시간 : 약 35분

사진 위는 콩샐러드를 곁들인 닭,
아래는 국수샐러드와 함께 먹는 소시지꼬치

칠리 커틀렛

❶ 껍질벗긴 양파를 주사위 모양으로 썬다. 칠리를 세로로 베어 쪼개서 꼭지와 씨를 없애고 씻은 후 작은 주사위 모양으로 썬다.
❷ 기름을 냄비에서 데운다. 칠리와 양파를 볶는다. 설탕을 그 위에 뿌린다. 식초를 넣어서 찐다. 냄비를 불에서 내리고 토마토 주스를 넣는다. 마리나데로 우스터 소스를 넣어 간을 맞추고 식힌다.
❸ 목덜미 커틀릿을 그릇에 넣고 마리나데를 얹는다. 그 위를 호일로 덮은 상태에서 약 6시간 동안 마리나데가 스며들게 한다.
❹ 커틀릿을 마리나데에서 꺼내서 털고 알루미늄 구이용 냄비에다가 넣는다. 각 면을 12~15분간 익힌다. 그동안 마리나데를 바른다.
❺ 사과의 씨 있는 부분을 도려내 원판형으로 썬다. 그것을 약 3분 익히면서, 역시 마리나데를 덧발라준다.

4인분

작은 양파 1개 | **녹색 칠리 1개**
기름 1TS | **갈색 설탕 2TS**
식초 3~4TS(포도주 혹은 사과 식초)
토마토 주스 1/8ℓ
우스터 소스 2~3ts
소고기 혹은 송아지고기 목덜미
커틀렛 4개(각 200g)
신사과 2개(예를 들어 요나골드 또는 보스콥) | **알루미늄 구이 팬**

1인분 당 칼로리 : 2000KJ / 480kcal
단백질 39g / 지방 28g / 탄수화물 17g

마리나데에 넣는 시간 : 6시간
요리시간 : 약 50분

레몬토끼

❶ 레몬을 뜨거운 물로 씻고 말린다. 껍질을 윤기있게 하고 즙을 짠다.
❷ 월계수 줄기의 잎을 떼고 큰 잎은 대충 찢는다. 기름을 냄비에 넣고 월계수 잎을 넣어 익힌다. 레몬껍질, 레몬즙, 맥주와 꿀을 넣는다.
❸ 토끼 뒷다리를 깊이 파인 그릇에 놓고 마리나데를 얹는다. 그 상태로 6시간 동안 냉장고에 넣어 둔다.
❹ 마리나데에서 뒷다리를 건져내고 털어서 기름을 약간 바른 알루미늄 구이용 팬에 넣는다. 뒷다리를 55분 동안 익히고, 중간 중간에 저어주면서 마리나데를 바른다. 여기에는 신선한 콩과 허브가 곁들어진 감자 · 콩샐러드가 어울린다.

4인분

레몬 | **기름 2TS** | **꿀 1TS**
신선한 월계수 가지 1개(말린 잎 6개로 대체될 수 있음)
흑맥주 1/8ℓ (옛 맥주)
토끼 뒷다리 4개
알루미늄 구이 팬 1개
구이용 팬에 바르기 위한 기름

1인분 당 칼로리 : 2200KJ / 520kcal
단백질 63g / 지방 27g / 탄수화물 6g

마리나데에 넣는 시간 : 6시간
요리시간 : 약 1시간 15분

사진 위 : 레몬 토끼요리
사진 아래 : 칠리 커틀렛

향이 밴 새끼 양

❶ 로즈마리를 씻어서 말리고 가시를 제거한다. 마늘의 껍질을 벗긴다. 후추 알을 절구에 부수다가 로즈마리와 마늘을 넣어 같이 부순다. 중간 중간에 기름을 붓는다. 마지막으로 겨자를 섞는다.
❷ 다리조각의 지방 끝에 날카로운 칼로 파인 자국을 내서 굽는 중에 고기가 안으로 접히지 않도록 한다. 전에 만들었던 양념을 고기 위에 바른다.
❸ 다리를 쌓아 그릇에 넣고 그 상태로 6시간 동안 놔둔다.
❹ 다리조각을 알루미늄 구이용 팬에 넣고 각 면을 5분 동안 익힌다. 그러면 고기 안이 분홍빛을 낸다. 속까지 완전히 익기를 원하면 각 면을 7~8분간 익힌다. 거기에는 샐비어가 곁들인 느타리버섯(40p참조)이나 채소 모듬(37p참조법)이 어울린다.

4인분
신선한 로즈마리 가지 1개(말린 것은 2ts로 대체될 수 있음)
마늘 2쪽 | 두송열매 4개 | 후추 알 6개
차갑게 짠 올리브기름 4TS
씨가 많이 함유된 겨자 2ts
양 다리조각 4개(각 225g)
알루미늄 구이용 팬 1개

1인분 당 칼로리 : 3600KJ / 860kcal
단백질 34g / 지방 80g / 탄수화물 1g

마리나데에 넣는 시간 : 6시간
요리시간 : 약 40분

조류꼬치

❶ 후추 알을 절구에서 빻고 그릇에 넣어서 백포도주, 파인애플주스, 피망가루와 섞는다.
❷ 암칠면조 가슴 살을 씻어 물기를 빼고 먹기 좋은 크기로 썬다. 고기를 그릇에 넣고 마리나데를 붓는다. 3시간 동안 그 상태로 놔둔다.
❸ 파인애플을 조각으로 썬다. 피망을 4등분하고, 꼭지와 씨있는 부분을 떼어내 먹기 좋은 크기로 썬다. 양파 껍질을 벗기고 반으로 자른다. 모든 조각들은 고기 조각 정도의 크기로 썰어야 한다.
❹ 암칠면조 가슴 살을 마리나데에서 꺼내고 턴다. 파인애플, 피망, 양파를 번갈아서 기름이 발라진 꼬치에 꽂는다. 꼬치를 알루미늄 구이용 냄비에 넣고 20~25분간 익힌다. 마리나데의 반은 기름과 섞고, 그것을 고기가 익는 동안 그 위에 살짝 발라준다.

4인분
절인 녹색 후추알 1TS
완전 발효된 백포도주 50㎖
파인애플 주스 1/8ℓ (병에서)
빨갛고 매운 피망가루 1ts
암칠면조 가슴 살 500g
신선한 파인애플 4조각
각 중간크기의 빨간 녹색 피망 1개
중간크기의 양파 8개 | 기름 2TS
구이용꼬치에 바르기 위한 기름 | 꼬치
알루미늄 구이용 팬 1개

1인분 당 칼로리 : 1100KJ / 260kcal
단백질 33g / 지방 2g / 탄수화물 25g

마리나데에 넣는 시간 : 3시간
요리시간 : 약 50분

사진 위 : 암칠면조 꼬치
사진 아래 : 새끼 양 요리

잠발 커틀렛

❶ 꿀, 잠발 소스, 간장을 모두 섞는다. 스테이크의 양면에 마리나데를 바르고 덮은 상태에서 2시간 동안 냉장고에 보관한다.
❷ 고기를 마리나데에서 꺼내 턴다. 양파를 링 모양으로 썰고 스테이크 위에 얹는다. 스테이크를 접고 기름을 바른 이쑤시개를 꽂는다. 스테이크를 알루미늄 구이용 냄비에 넣고 각 면을 3~4분씩 익히는 동안 중간에 마리나데를 발라준다.

4인분
꿀 2ts ǀ **간장 6~8TS**
잠발소스(매운 인도네시아 소스) **2ts**
중간크기의 양파 2개
나비 모양 스테이크 4개(각 100g)
이쑤시개에 바를 기름 ǀ **이쑤시개 4개**
알루미늄 구이용 팬 1개

1인분 당 칼로리 : 860KJ / 200kcal
단백질 23g / 지방 8g / 탄수화물 11g

마리나데에 넣는 시간 : 2시간
요리시간 : 약 15분

등심

❶ 기름을 냄비에 넣고 데우다가 피먼트, 겨자, 겨자 알, 두송열매와 후추를 넣고 데운다.
❷ 구즈베리 젤리를 그 양념에 넣는다. 겨자가루를 약간 찬물에 잘 풀어서 냄비에 넣고 익힌다.
❸ 냄비의 불을 끄고 포도주를 넣는다. 마리나데를 식힌다.
❹ 백리향 줄기에서 잎을 떼어내 마리나데 안에 넣는다.
❺ 소고기 등심을 그릇에 넣어서 마리나데를 붓는다. 덮은 상태에서 6시간 동안 놔둔다. 중간 중간에 뒤집어준다.
❻ 소고기 등심을 마리나데에서 꺼내고 턴다. 양면을 15~20분씩 익히고 중간 중간에 뒤집어 주면서 마리나데를 바른다. 이것에는 후추 배(42p참조)나 고급 버섯치즈를 바른 회향(38p참조)이 어울린다.

4인분
콩기름 1TS ǀ **피먼트 1/2ts**
겨자 알 1ts ǀ **두송열매 3개**
빻은 검은 후추 1ts
빨간 구즈베리 젤리 150g
겨자가루 3ts(매운 겨자 3ts로 대체할 수 있음) ǀ **완전 발효된 포도주 1/8ℓ**
백리향 1단(말린 것은 4ts으로 대체됨)
소고기 등심 1.5kg

1인분 당 칼로리 : 4000KJ / 950 kcal
단백질 51g / 지방 70g / 탄수화물 25g

마리나데에 넣는 시간 : 적어도 6시간
요리시간 : 약 1시간

사진 위 : 등심요리
사진 아래 : 잠발 커틀렛

채소를 곁들인 대구

❶ 오렌지 즙을 짜낸다. 레몬을 더운 물로 씻어 윤기를 낸다. 껍질은 갈고 레몬즙을 짜낸다. 둘 다를 오렌지 즙에 넣는다.
❷ 에스트라곤의 잎을 줄기에서 뽑고 작게 썰어, 즙 혼합물에 넣는다. 마리나데는 후추로 간을 맞춘다.
❸ 대구 살을 그릇에 넣어서 마리나데를 붓고 그 상태에서 30분 동안 냉장고 안에 보관한다.
❹ 봄 양파를 씻는다. 호박도 씻어서 세로로 반을 가른다. 그 반 조각을 5cm 길이의 조각으로 썬다.
❺ 대구 살을 마리나데에서 꺼내서 털고, 알루미늄 냄비에 15~20분 동안 익힌다. 그 동안 기름을 마리나데와 섞는다. 대구 살을 익히는 동안 마리나데를 바른다.
❻ 봄 양파와 호박을 3~4분 동안 익히고 중간 중간에 마리나데를 바른다.

4인분

중간크기의 오렌지 2개
껍질이 엷은 레몬 1개
에스트라곤 1단(말린 것은 1~2ts으로 대체할 수 있음)
방금 빻은 하얀 후추 | **봄 양파 2개**
대구 살 800g | **중간 크기의 호박**
콩기름 2TS | **알루미늄 구이 냄비 1개**

1인분 당 칼로리 : 1000KJ / 240kcal
단백질 37g / 지방 5g / 탄수화물 10g

마리나데에 담는 시간 : 30분
요리시간 : 약 35분

이국적인 오리 가슴 살

❶ 레몬을 더운 물로 씻어 건조시키고, 껍질을 갈고, 즙을 짜낸다.
❷ 칠리를 베어 쪼갠다. 꼭지와 씨를 제거하고 씻은 다음 조그만 주사위 모양으로 썬다.
❸ 생강의 껍질을 까고 역시 주사위 모양으로 썬다. 양파와 마늘의 껍질을 까고 작게 다진다.
❹ 다뤄진 모든 재료를 코코넛우유와 섞는다. 오리 가슴 살을 씻고, 물기를 빼고 마리나데에 넣는다. 덮은 상태에서 4시간 동안 냉장고에 보관하고 가끔씩 뒤집는다.
❺ 오리 가슴 살을 마리나데에서 꺼내고 턴다. 껍질이 있는 부분을 25분 동안 익히고 뒤집은 다음 10분 동안 익힌다. 중간 중간에 마리나데를 바른다.

4인분

껍질이 얇은 레몬 1개 | **녹색 칠리 1개**
신선한 생강 1조각(약 40g)
작은 양파 1개 | **마늘 1쪽**
설탕이 안 들어간 코코넛우유 160mℓ(캔)
오리 가슴 살 2개(각 300g)

1인분 당 칼로리 : 1500KJ / 360kcal
단백질 28g / 지방 26g / 탄수화물 4g

마리나데에 넣는 시간 : 4시간
요리시간 : 약 45분

코코넛우유는 대형 할인마트나 백화점에서 구입할 수 있으며, 구하지 못했다면 1/2ℓ의 끓는 우유에 야자수 썬 것 200g을 넣고 15~20분 후에 우유만 그릇에 붓고, 남은 야자수는 우유 위에 짠다.

사진 위 : 채소를 곁들인 대구 요리
사진 아래 : 이국적인 오리 가슴 살 요리

작은 생선 소스

❶ 골파의 껍질을 까고 작은 주사위 모양으로 썬다. 봄 양파의 짙은 녹색 부분을 제외하고 아주 얇게 썬다. 인쇼비스(소금에 절인 작은 생선) 필레(생선의 뼈를 발라내고 껍질을 벗긴 토막고기)를 흐르는 물에 씻고, 물기를 뺀 다음 섬세하게 다진다. 씻은 오이를 거칠게 간다.
❷ 생크림 요구르트, 우유, 마요네즈를 섞는다. 마늘을 으깬다. 골파, 봄 양파, 인쇼비스 필레, 오이를 전부 섞는다. 소금, 후추, 피망가루와 레몬즙으로 간을 맞춘다.

4인분
골파 4줄기 | 봄 양파 4개
인쇼비스 필레 30g(캔)
샐러드오이 1개(약 100g)
생크림 요구르트 150g
우유 2~3TS | 마요네즈 1TS(병에서)
마늘 1쪽 | 소금 | 금방 빻은 흰 후추
단 피망가루 | 약간의 레몬 즙

1인분 당 칼로리 : 460KJ / 110kcal
단백질 5g / 지방 6g / 탄수화물 3g

요리시간 : 약 15분

오이 · 사과 소스

❶ 양파의 껍질을 벗긴다. 사과도 껍질을 벗겨 4등분하고 씨가 있는 부분을 도려낸다. 양파, 사과, 양념오이를 작은 주사위 모양으로 자른다.
❷ 요구르트와 마요네즈, 서양고추냉이를 섞는다. 소금, 후추, 설탕으로 간을 맞춘다.
❸ 서양자초를 두꺼운 줄기 없이 섬세하게 다진다. 서양자초, 양파, 사과, 오이를 소스에 넣고 전부 섞는다.

4인분
중간크기의 양파 1개
작고 신맛이 도는 사과 1개
중간크기의 양념오이 1개
단맛이 없는 요구르트 150g |
마요네즈 3TS(캔에서)
간 서양고추냉이 4ts(병에서)
소금 | 금방 빻은 흰 후추 | 설탕 약간
서양자초 1단

1인분 당 칼로리 : 620KJ / 150kcal
단백질 3g / 지방 10g / 탄수화물 13g

요리시간 : 약 15분

토마토 · 피망 소스

❶ 뜨거운 물에 토마토를 삶고, 껍질을 벗겨 4등분해서 심을 떼어낸다. 토마토를 으깨서 체에 내린다.
❷ 양파를 주사위 모양으로 썬다. 피망을 4등분하고, 꼭지와 씨가 있는 부분을 제거한 다음 역시 작은 주사위 모양으로 썬다. 파슬리를 다진다.
❸ 양파, 피망, 파슬리를 토마토 액과 섞는다. 케첩, 소금, 후추, 칠리가루, 설탕으로 간을 맞춘다.

4인분
토마토 250g | 중간크기의 양파 1개
중간크기의 녹색 피망껍질 1개
파슬리 1단 | 케첩 2~3TS | 소금
금방 빻은 흰 후추 | 칠리가루 | 설탕

1인분 당 칼로리 : 220KJ / 52kcal
단백질 2g / 지방 1g / 탄수화물 10g

요리시간 : 20분

사진 위 : 생선 소스
가운데 : 오이 · 사과 소스,
사진 아래 : 토마토 · 피망 소스,

오렌지 · 아몬드 소스

❶ 생 오렌지를 더운 물로 씻고 물기를 뺀다. 껍질을 깐다. 두 개의 오렌지의 즙을 짠다. 즙을 껍질과 섞는다.
❷ 아몬드를 냄비에 넣고 저으면서 황금색이 될 때까지 굽는다. 설탕을 다른 냄비에 넣고 갈색 액체가 될 때까지 끓인다. 버터와 오렌지 즙을 섞고 계속 끓인다.
❸ 아몬드를 소스와 섞는다. 소금과 후추로 간을 맞춘다. 박하 잎을 떼어내 섬세히 다져서 소스와 섞는다.

4인분
오렌지 2개(그 중 하나는 생 오렌지)
빻은 아몬드 50g ǀ **설탕 3TS**
버터 2TS ǀ **소금** ǀ **방금 빻은 흰 후추**
신선한 박하 가지 6개

1인분 당 칼로리 : 830KJ / 200kcal
단백질 3g / 지방 13g / 탄수화물 17g

요리시간 : 약 20분

허브 · 프렌치 드레싱

❶ 식초에 소금, 후추, 설탕, 피먼트를 넣고 섞는다. 양파를 섬세히 다지고, 허브와 함께 식초혼합물에 넣는다.
❷ 기름을 조금씩 넣는다. 마지막으로 케이퍼를 넣는다.

허브 프렌치 드레싱은 생선, 갑각류, 조류, 신선한 샐러드와 잘 어울린다.

4인분
백포도주 식초 6TS ǀ **소금**
방금 빻은 흰 후추 ǀ **설탕 한줌**
피먼트 가루 한줌 ǀ **중간 크기의 양파 1개**
다진 샐러드 허브 4TS(파슬리, 서양자초, 마늘, 전호, 에스트라곤, 나륵)
해바라기 기름 8~10TS
케이퍼(과일 종류) **2TS**(캔)

1인분 당 칼로리 : 820KJ / 200kcal
단백질 0g / 지방 20g / 탄수화물 3g

요리시간 : 약 15분

매운 콩 소스

❶ 콩을 차가운 물로 씻고 물기를 뺀다. 콩을 요구르트와 함께 믹서로 돌리고 소금과 고춧가루로 간을 맞춘다.
❷ 봄 양파의 짙은 녹색을 제외하고, 나머지는 작은 링 모양으로 자른다. 가로로 썬 양파를 콩소스에 넣는다. 레몬즙, 칠리가루와 육두구 열매로 소스의 간을 맞춘다.

4인분
흰 콩 캔 1개(250g, 물은 뺄 것)
생크림 요구르트 75g ǀ **소금**
고춧가루 ǀ **봄 양파 1개**
레몬 즙 1~2TS
칠리가루 약간(나이프에 살짝 묻힌 정도)
금방 빻은 육두구의 종자 한줌

1인분 당 칼로리 : 590KJ / 140kcal
단백질 10g / 지방 1g / 탄수화물 21g

요리시간 : 약 20분

사진 위 : 매운 콩 소스
가운데 : 허브 · 프렌치 드레싱
사진 아래 : 오렌지 · 아몬드 소스

골파 · 카룸버터

❶ 버터에 소금과 후추를 넣고 거품이 나게 젓는다.
❷ 골파를 까고, 작은 주사위 모양으로 자르고, 카룸을 버터와 섞는다.
❸ 마늘을 작은 원형으로 자르고 역시 버터와 섞는다. 버터 혼합물을 대접할 때까지 식힌다.

골파 · 카룸버터는 호일로 싼 감자, 작은 새우, 고기꼬치와 어울리고, 흰 빵 위에 얹어서 먹어도 맛있다.

10인분
말랑말랑한 버터 250g | 소금
방금 빻은 흰 후추 | 마늘 100g
카룸(회향풀과 비슷한 약용 · 향료용 식물)
2ts | 골파 1단

1인분 당 칼로리 : 810KJ / 190kcal
단백질 0g / 지방 21g / 탄수화물 0g

요리시간 : 10분

버섯버터

❶ 들버섯을 씻고 섬세하게 다진다. 레몬즙을 빨리 뿌린다. 골파를 까고 주사위 모양으로 썬다.
❷ 버터를 거품이 날 때까지 젓는다. 버섯과 골파를 넣고 소금과 후추로 간을 맞춘다.
❸ 파슬리와 바실리쿰은 큰 줄기를 뺀 나머지를 다져서 버터와 섞는다. 버섯버터를 대접하기까지 식힌다.

버섯버터는 생선이나 구운 채소와 어울린다.

10인분
들버섯 100g | 레몬즙 1ts
중간 크기의 골파 2줄기
말랑말랑한 버터 250g | 소금
금방 빻은 흰 후추
파슬리 1단 | 신선한 바실리쿰 4잎

1인분 당 칼로리 : 820KJ / 200kcal
단백질 1g / 지방 21g / 탄수화물 0g

요리시간 : 약 20분

에스트라곤 · 레몬버터

❶ 골파를 까고 주사위 모양으로 자른다. 레몬을 뜨거운 물로 씻어 털고 껍질을 섬세하게 깐다. 레몬 반개의 즙을 받아둔다. 에스트라곤의 잎을 뽑고 다진다.
❷ 거품이 날때까지 버터를 젓는다. 골파, 레몬즙과 껍질, 에스트라곤을 넣고 모두 섞는다. 소금, 후추와 고수풀로 간을 맞추고 대접할 때까지 식힌다.

10인분
중간 크기의 골파 2개
껍질이 얇은 레몬 1개
신선한 에스트라곤 가지 6개
말랑말랑한 버터 250g | 소금
금방 빻은 흰 후추 | 빻은 고수풀 약간

1인분 당 칼로리 : 810KJ / 190kcal
단백질 0g / 지방 21g / 탄수화물 1g

요리시간 : 약 10분

사진 위 : 골파 · 카룸버터
가운데 : 버섯버터
사진 아래 : 에스트라곤 · 레몬버터,

구즈베리 처트니

처트니를 사육된 짐승의 고기나 돼지고기 그릴과 함께 대접하세요.

❶ 깐양파를 주사위 모양으로 자른다. 사과를 4등분하고 과심을 도려내 작은 주사위 모양으로 자른후 레몬즙을 뿌린다.
❷ 기름을 냄비에 데우고 양파를 익힌다. 계피, 파멘토가루와 겨자 알을 넣고 계속 익힌다. 설탕 2TS을 뿌리고 캐러멜처럼 될 때까지 데운다.
❸ 식초와 사과주스로 냄비의 내용물을 식힌다. 사과를 더하고 25~30분 동안 저으면서 처트니가 죽처럼 될 때까지 끓인다.
❹ 그사이에 구즈베리를 씻는다. 열매를 포크를 이용해 원뿔 꽃에서 떼어낸다. 구즈베리를 냄비에 넣고 섞어서 2~3분 동안 더 끓인다. 설탕과 후추로 간을 맞춘다. 대접하기 전에 계피는 걷어낸다.

4인분

양파 200g | 레몬 즙 1TS
신 사과 750g(예를 들어 보스콥)
피멘토가루 약간 | 기름 2TS
겨자 알 1/2ts | 작은 계피 1개
설탕 4TS | 백포도주 식초 6TS
사과주스 1/4ℓ
빨간 구즈베리 200g | 소금
금방 빻은 신선한 후추

1인분 당 칼로리 : 860KJ / 200kcal
단백질 1g / 지방 5g / 탄수화물 34g

요리시간 : 약 50분

▶ 보스콥 : 네덜란드의 지명, Boskoop에서 유래한 사과 이름

살구 처트니

❶ 살구의 반을 주사위 모양으로 자른다. 그 조각들을 백포도주와 함께 냄비에 넣어서 끓인다. 그후 믹서로 갈아서 죽으로 만든다.
❷ 나머지 살구도 작은 주사위 모양으로 자른다. 양파도 껍질을 벗긴 다음 주사위 모양으로 자른다. 이 재료들과 건포도, 얼음설탕, 식초, 카레, 고수풀, 후추 알을 죽과 섞는다.
❸ 이 처트니를 중간정도 열에서 10~12분 정도 죽이 될 때까지 저으면서 끓인다. 레몬 산을 넣고 소금으로 간을 맞춘다.

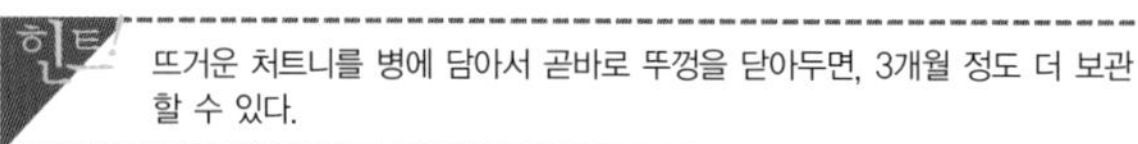

뜨거운 처트니를 병에 담아서 곧바로 뚜껑을 닫아두면, 3개월 정도 더 보관할 수 있다.

4인분

유황으로 처리하지 않고 말린 살구 500g
백포도주 1/2ℓ | 카레가루 1/2ts
중간크기의 빨간 양파 4개
건포도 100g | 갈색(얼음)**설탕 125g**
포도주 식초 1/8ℓ | 빻은 고수풀 약간
가공된 녹색 후추 알 2ts
레몬 산 2ts | 소금

1인분 당 칼로리 : 2700KJ / 640kcal
단백질 8g / 지방 1g / 탄수화물 130g

요리시간 : 약 45분

사진 위 : 구즈베리 처트니
사진 아래 : 살구 처트니

시금치 혼합물로 채워진 토마토

모짜렐라 치즈와 신선한 시금치의 혼합물에 해바라기씨가 첨가되면 씹는 재미가 있다.

4인분

시금치 500g | 중간크기의 양파 1개 | 마늘 1쪽 | 기름 1TS

해바라기씨 2TS | 소금 | 방금 빻은 흰 후추 | 방금 빻은 육두구의 종자 한줌

토마토 4개(각 약 200g) | **모짜렐라 치즈 150g**

1인분 당 칼로리 : 760KJ / 180kcal
단백질 13g / 지방 10g / 탄수화물 10g

요리시간 : 약 35분

❶ 시금치의 큰 줄기는 떼어낸다. 시금치를 자주 차가운 물에 씻고 거칠게 다진다. 양파와 마늘을 깐다. 마늘을 주사위 모양으로 자른다.
❷ 기름을 냄비에 데운다. 해바라기씨를 그 안에 넣고 굽는다. 양파조각을 넣어서 익힌다. 마늘도 으깨어서 넣는다. 시금치를 첨가해서 2~3분 동안 수분을 증발시킨다. 소금, 후추와 육두구의 종자로 간을 맞춘다.
❸ 각 토마토의 뚜껑을 자른다. 토마토의 속을 도려낸다. 그 속을 다져서 시금치에 추가한다. 모짜렐라 치즈를 작게 자르고 시금치와 섞는다.
❹ 토마토 속을 시금치 혼합물로 채우고 각각 맞는 뚜껑을 덮는다. 모든 토마토를 호일로 싼다. 너무 강하지 않은 불에 8~10분 동안 가끔씩 돌리며 구워준다.

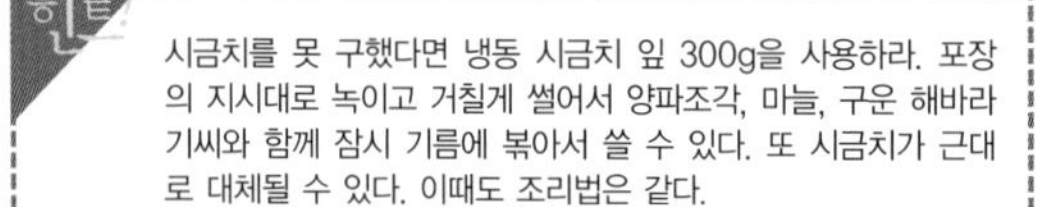

시금치를 못 구했다면 냉동 시금치 잎 300g을 사용하라. 포장의 지시대로 녹이고 거칠게 썰어서 양파조각, 마늘, 구운 해바라기씨와 함께 잠시 기름에 볶아서 쓸 수 있다. 또 시금치가 근대로 대체될 수 있다. 이때도 조리법은 같다.

❶

❷

❸

❹

채소 모듬

페스토(Pesto)는 바실리쿰, 파마산 치즈, 솔씨가 함유된 이탈리안 소스이다. 여기에 토마토, 가지, 호박을 더하면 여름의 향내가 물씬 풍기게 된다.

4인분

바실리쿰 1단(약 50g) | **마늘 6쪽** | **파마산 치즈 50g**

솔씨 50g | **차게 짠 올리브기름 200㎖** | **금방 빻은 흰 후추**

가지 2개(약 500g) | **호박 2개**(약 400g) | **중간크기의 토마토 2개**

1인분 당 칼로리 : 2300KJ / 550kcal
단백질 8g / 지방 54g / 탄수화물 9g

요리시간 : 약50분

❶ 바실리쿰 잎을 뽑아 거칠게 다진다. 마늘을 깐다. 치즈를 조각낸다.
❷ 바실리쿰, 마늘, 치즈와 솔씨를 믹서로 가는데, 중간 중간 올리브기름을 붓는다. 끈적끈적한 페스토가 될 때까지 믹서로 간다. 후추로 간을 맞춘다.
❸ 가지, 호박과 토마토를 씻어 먹기 좋은 크기로 자른다. 가로세로가 30cm 되는 호일 4개를 편다. 채소의 1/4을 각 호일 위에 놓고 페스토 1TS을 첨가한다. 채소를 완전히 쌓는다.
❹ 채소 모듬을 6~8분 동안 굽는다. 거기에 흰 바게트 빵을 곁들여 먹으면 맛있다.

페스토는 소고기, 돼지고기, 조류 그릴의 소스로 사용되거나 신선한 샐러드의 양념으로 쓰인다. 호일로 싼 생선도 싸기 전에 페스토를 바를 수 있다. 페스토는 꽉 닫힌 병에 넣어서 몇 주 동안 냉장고에 보관될 수 있다.

양파꼬치

❶ 냄비에 말린 오얏, 살구, 계피, 백포도주를 넣고 5분 동안 끓인다.
❷ 과일을 체에 담아서 물기를 빼고 삶은 과일즙은 그릇에 담는다. 계피와 삶아진 물을 냄비에 넣고 강한 열에 반쯤 찐다.
❸ 양파를 깐다. 삶은 즙에서 계피를 걷어낸다. 칠리 소스와 기름을 삶은 것에 넣어 섞는다.
❹ 양파와 말린 과일을 번갈아가며 꼬치에 꼽는다. 꼬치를 알루미늄 구이 냄비에 넣고 6~8분간 익히고 마리나데를 바른다.

힌트 양파꼬치는 석쇠에 구운 갈비, 돼지, 양고기 커틀릿이나 바삭바삭한 닭 뒷다리와 어울린다.

4인분

씨가 없는 말린 오얏 150g
말리지 않은 살구 250g
작은 계피 1개 | 작은 양파 500g
달지않은 백포도주 1/4ℓ
칠리소스 2TS(캔)
꼬치에 바를 기름 | 꼬치
알루미늄 구이 팬 1개

1인분 당 칼로리 : 1400KJ / 330kcal
단백질 6g / 지방 1g / 탄수화물 66g

조리시간 : 약 30분

고급버섯치즈를 바른 회향

❶ 치즈를 포크로 으깨고, 개암나무 열매와 섞어 후추로 간을 맞춘다.
❷ 회향덩이에서 줄기와 뿌리부분을 자르고, 회향의 녹색부분을 따로 제거한다. 억센 바깥 잎을 떼어낸다. 회향덩이를 흐르는 물에 씻어 물기를 빼고, 반으로 자른다. 레몬즙을 바른다.
❸ 회향덩이의 녹색부분을 섬세히 다지고 치즈크림에 넣어 젓는다. 잘라진 회향덩이 부분에 그 크림을 바른다. 회향덩이의 반을 다시 합친다. 각 회향덩이를 호일로 싼다.
❹ 회향덩이를 약 10분간 굽고, 중간 중간에 뒤집는다.

변용 **허브가 함유된 회향 줄기**

회향덩이에 허브를 곁들이면 맛좋은 변화를 줄 수 있다. 회향덩이를 앞에서 설명된 것처럼 준비한다. 반으로 자른다. 이를 4등분해서 각각을 호일 위에 놓는다. 회향덩이에 백포도주 식초를 뿌린다. 각각을 새롭게 다진 허브 1TS(서양자초, 파슬리, 에스트라곤, 나륵)을 뿌리고, 소금과 후추로 간을 맞춘다. 또 각각에 올리브기름 1TS을 뿌린다. 호일로 싸고 6~8 분 동안 굽는다.

4인분

푸른색 치즈(로크포르(Roquefort)와 같은)
125g | 다진 개암나무 열매 30g
금방 빻은 검정 후추
중간크기의 회향덩이 4개 | 레몬반개의 즙
호일에 바를 기름

1인분 당 칼로리 : 880KJ / 210kcal
단백질 4g / 지방 6g / 탄수화물 5g

요리시간 : 약 20분

사진 위 : 고급버섯치즈를 바른회향
사진 아래 : 양파[illegible]

허브호박

향이 있는 정원 허브, 마늘과 올리브기름 몇 방울이 호박의 양념이 된다. 조류와 생선에 잘 어울리는 여름의 채소별미.

4인분

중간크기의 호박 4개 | **금방 빻은 검정후추**
차게 짠 올리브기름 4ts
곡물 죽 1ts(인스턴트) | **마늘쪽 4개**
다진 정원 허브 4ts(파슬리, 전호, 에스트라곤, 나륵)

1인분 당 칼로리 : 400KJ / 95kcal
단백질 4g / 지방 6g / 탄수화물 6g

요리시간 : 약 20분

❶ 호박의 양끝을 잘라낸다. 호박을 씻어 물기를 제거한 후 길게 반을 자른다. 각 반쪽을 포크로 찌른다.
❷ 반쪽에 올리브기름 1/2ts을 각각 뿌린다. 또 후추와 곡물 죽 한줌을 각각에 뿌린다.
❸ 마늘 쪽을 벗겨낸다. 각각의 마늘쪽을 두 쪽으로 가른 호박 위에 압축기로 짜내고 칼로 마늘을 발라준다.
❹ 8개 중 4개의 반쪽에 각각 허브 1TS을 뿌린다. 다른 반쪽과 합친다. 호박을 호일에 싸고 8~10분 동안 굽는다.

샐비어와 느타리버섯

4인분

느타리버섯 750g | **중간크기의 양파 1개**
차게 짠 올리브기름 4TS
빻은 흰 후추 1ts | **마늘쪽 2개**
신선한 샐비어가지 3개(건조된 것 1ts과 대체될 수 있음) | **알루미늄 구이 팬 1개**

1인분 당 칼로리 : 580KJ / 140kcal
단백질 4g / 지방 9g / 탄수화물 3g

요리시간 : 약 20분

❶ 느타리버섯을 휴지로 깨끗하게 닦고 질긴 줄기를 떼어낸다.
❷ 올리브기름을 후추와 섞는다. 마늘과 양파를 까고 섬세하게 다진다. 샐비어를 씻고 물기를 빼 잎을 떼어내고 거칠게 자른다. 양파와 마늘과 함께 기름에 넣는다.
❸ 느타리버섯에 샐비어기름을 바르고 알루미늄 구이용 냄비에 넣는다. 버섯을 10분 동안 굽고, 그 동안에 자주 뒤집어주고 기름을 발라준다.

힌트 그릴로 구워진 느타리버섯에 기호에 따라 1TS 정도의 신선한 크림을 첨가하고, 구워진 양고기나 스테이크와 함께 먹을 수 있다.

사진 위 : 허브 호박

양념된 감자

❶ 감자를 흐르는 찬물에 꼼꼼하게 씻고 털어 여러 군데 루라드 바늘(쇠고기나 돼지고기를 양파 등 소금과 후추로 간을 해서 작게 말아 찐 요리)이나 샤슬릭(Schaschlik : 양파 등을 곁들인 고기꼬치) 꼬치로 찌른다. 감자에 버터를 바른다.
❷ 그릇에 카룸을 넣고 마요란과 섞는다. 감자 4개를 양념혼합물에 담그고 각각을 호일로 덮는다.
❸ 감자 4개를 참깨에 담그고 역시 호일로 덮는다.
❹ 그릇 안의 양귀비에 후추를 섞는다. 나머지 감자를 그 안에 담그고 역시 호일로 덮는다.
❺ 감자를 약 1시간 정도 굽는데 중간 중간에 뒤집는다.
❻ 요구르트 크림을 만들기 위해 우선 요구르트를 마스카르포네와 섞는다. 소금과 후추로 간을 맞춘다.
❼ 봄 양파를 씻고 짙은 녹색부분을 제외한 부분을 작은 링 모양으로 자른다. 바실리쿰을 씻고 물기를 뺀다. 줄기에서 떼어내 잎을 다진다. 양파 링과 나륵을 요구르트에 넣어 젓는다.
❽ 감자를 호일에서 꺼내고, 포크 두개로 반으로 쪼개고, 그 사이부분에 요구르트 크림을 부어 덮는다.

저 칼로리를 원하시는 분은, 요구르트 크림 대신 저지방 요구르트를 사용하고 우유를 조금씩 넣는다.

4인분

중간크기의 물기없이 팍팍한 감자 12개
버터 1TS | 카룸 2TS
말린 마요란 2ts | 참깨 씨 2TS
양귀비의 열매 2TS
빻은 흰 후추 1ts
요구르트 크림 만들기 :
단맛이 없는 요구르트 500g
마스카르포네 200g | 소금
금방 빻은 흰 후추 | 봄 양파 1개
바실리쿰 1단

1인분 당 칼로리 : 2600KJ / 620kcal
단백질 25g / 지방 8g / 탄수화물 52g

요리시간 : 약 1시간 30분

▶마스카르포네(Mascarpone) : 생크림으로 만든 부드럽고 크림이 듬뿍 들어있는 신선한 치즈.

후추 배

수분이 많은 배는 아이스크림에도 어울리지만 스테이크에도 잘 어울린다.

❶ 배를 씻어 반으로 자르고, 과심을 없앤다. 잘린 부분에 레몬즙을 뿌리고 들장미의 열매 잼을 바른다. 후추 알을 다지고 잼과 섞는다.
❷ 배를 다시 합치고 각각을 버터를 바른 호일에 싼다. 배의 각 면을 3분씩 굽는다.

4인분

배 4개 | 들장미 열매 잼 4TS
레몬 즙 1/2ts | 호일에 바를 버터
가공된 녹색 후추 알 2ts

1인분 당 칼로리 : 640KJ / 150kcal
단백질 1g / 지방 3g / 탄수화물 36g

요리시간 : 약 15분

사진 위 : 양념된 감자
사진 아래 : 후추 배

네덜란드냉이버터를 바른 옥수수

어른과 아이 할 것 없이 옥수수는 먹는 재미가 있는 음식이다. 네덜란드냉이와 레몬 향이 함유된 후추의 매운 버터 혼합물과 같이 먹어 보자.

말랑말랑한 버터 100g | 소금 | 금방 빻은 신선한 후추
네덜란드냉이 1/2 상자 | 생 레몬의 간 껍질 1/2ts
레몬즙 몇 방울 | 옥수수 4개(캔 채소 옥수수로 대체될 수 있음) | 기름 1TS

1인분 당 칼로리 : 1600KJ / 380kcal
단백질 5g / 지방 25g / 탄수화물 33g

요리시간 : 약 30분

❶ 버터를 젓는 전기 기계의 교반 봉으로 거품이 나게 젓고, 소금과 후추로 양념한다.
❷ 네덜란드냉이를 작은 가위로 자르고 버터에 넣는다. 레몬 껍질과 즙을 더하고 전부를 섞는다. 대접하기 전까지 버터를 식힌다.
❸ 옥수수의 바깥 잎을 자른다. 다음에 섬유질 많은 '옥수수 껍질'을 손으로 떼어낸다. 옥수수를 씻고 휴지로 닦는다.
❹ 옥수수를 두루두루 굽는다. 그 동안에 계속 기름을 발라준다. 네덜란드냉이버터를 4등분하여 각각을 하나의 옥수수 위에서 녹인다.

조언 그릴 후 옥수수의 끝에 꽂아 놓은 옥수수 손잡이 때문에 먹기가 쉽다. 나무, 도자기나 플라스틱으로 된 이 손잡이는 가정용품이나 부엌용품을 파는 가게에서 구할 수 있다.

칠리-파인애플

단 음식을 매운 음식과 결합시켜 드시고 싶어하는 분들을 위해 수분이 많은 파인애플에 칠리의 매운 맛을 더해주는 요리다. 고기나 조류, 생선과 어울리는 특별한 그릴요리.

4인분

중간크기의 파인애플 1개 | 중간크기의 빨간 칠리 1개 | 꿀 2ts
기름 1ts | 으깬 새앙과의 씨앗 약간 | 큰 알루미늄 구이용 팬 1개

1인분 당 칼로리 : 1100kj / 260kcal
단백질 2g / 지방 3g / 탄수화물 57g

요리시간 : 15분

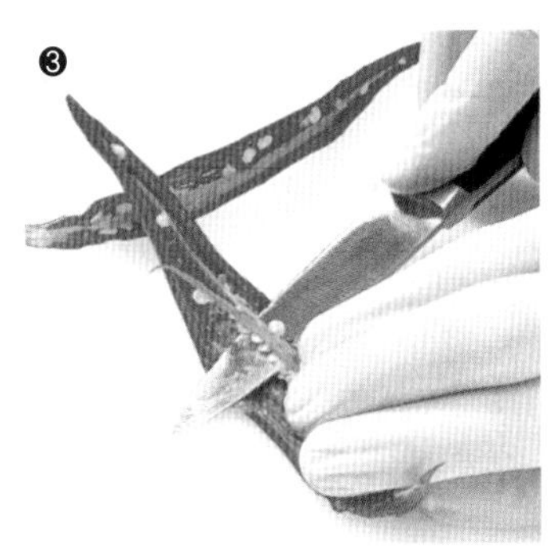

❶ 파인애플에서 줄기가 시작하는 부분과 잎, 그리고 그것에 달려있는 약간의 과육을 자른다.
❷ 날카로운 칼로 파인애플을 넉넉히 깎는다. 깎은 후에 생긴 점 모양의 껍질 자국을 쐐기모양으로 자른다. 파인애플을 가로로 1.5cm 두께의 원반 모양으로 자른다. 목질화된 과일 한가운데를 3cm 직경의 원형으로 파낸다.
❸ 칠리를 세로로 반으로 자르고, 꼭지는 부분과 씨를 빼고, 씻은 후 작은 주사위 모양으로 자른다. 이럴 때 장갑을 써서 매운 즙이 손에 닿지 않게 한다.
❹ 꿀에 기름과 새앙과의 씨앗을 섞고 칠리와 혼합한다. 파인애플조각을 알루미늄 구이용 팬에 얹고 각 면을 2~3분 동안 익힌 후, 이따금씩 칠리꿀을 바른다.

칠리꿀 혼합물은 그릴로 구운 바나나나 사과와도 잘 어울린다.

달콤한 사과 트리오

목탄 구이로 구운 맛있는 겨울의 별미사과 세 가지

❶ 코코넛사과를 만들기 위해 설탕에 절인 파인애플에 코코넛과 계피가루를 섞는다. 사과를 씻고, 물기를 빼고, 과심을 떼어내 가로로 2번 잘라서 3조각이 되게 한다.
❷ 잘라진 부분에 파인애플 혼합물을 바른다. 사과를 다시 붙이고, 기름을 바른 호일로 싼다. 코코넛사과를 5~8분 동안 익힌다.
❸ 박하사과를 만들기 위해 사과를 씻고 물기를 빼고 과심을 떼어낸다. 박하를 씻어서 턴다. 줄기에서 잎을 떼어내어 섬세히 다지고, 버터와 나무딸기 잼을 섞는다. 박하혼합물을 사과 안에 넣는다. 각 사과를 호일로 싸고 5~8분간 익힌다.
❹ 바닐라꿀사과를 만들기 위해 바닐라를 세로로 자르고 과심을 떼어낸다. 과심을 꿀과 레몬즙으로 섞는다.
❺ 사과를 씻은 후 털어서 기름을 발라 호일에 얹는다. 호일의 끝부분을 약간 세우고 꿀 혼합물을 그 안에 뿌린다. 호일로 싼다. 사과를 8~10분 동안 두루두루 굽는다.

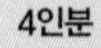

4인분

코코넛사과 만들기 :
탕에 절인 파인애플 4TS | 신 사과 4개
야자수 조각 100g | 계피가루 약간
호일에 바를 버터

박하사과 만들기 : **신 사과 4개**
신선한 박하 1/2묶음
부드러운 버터 4ts
나무딸기 잼 2TS

바닐라꿀사과 만들기 : **바닐라 1개**
꿀 2TS | 레몬 즙 1TS | 신 사과 4개
호일에 바를 버터

1인분 당 칼로리 : 2000KJ / 480kcal
단백질 2g / 지방 12g / 탄수화물 94g

요리시간 : 약 40분

원하시면 아이스크림과 함께 대접해도 좋다. 버터우유나 요구르트아이스크림을 더하면 여름에 어울리는 상큼한 맛을 준다. 여기에 나무딸기나 체리로 만든 과일주 한 방울을 첨가하면 어른들이 먹기 좋고, 어린이들이 먹기에는 바닐라나 초콜릿 소스가 좋다.

어떤 사과가 가장 맛있을까요? 가장 좋아하는 것을 골라 보세요.

사진 위 : 코코넛사과
가운데 : 박하사과
사진 아래 : 바닐라꿀사과

발칸 반도 꼬치

❶ 스테이크와 양고기를 먹기 좋은 크기로 자른다. 베이컨을 2cm의 넓이로 자른다. 양파를 까고 반으로 자른다. 토마토를 씻고, 역시 반으로 자르고 동시에 줄기끝 부분을 떼어낸다.
❷ 고기조각, 베이컨, 양파, 토마토와 고추를 번갈아가며 약간의 기름을 바른 꼬치에 꽂는다. 꼬치를 알루미늄 구이용 팬에 넣는다.
❸ 기름을 작은 냄비에 넣는다. 마늘을 까고 압축기로 눌러 으깬다. 카옌후추와 피망가루를 섞는다.
❹ 꼬치를 두루두루 30~35분 동안 굽는다. 이때 중간 중간에 기름혼합물을 바른다.

4인분
좌골 스테이크 400g
양 뒷다리고기 400g
베이컨 얇은 조각 8개(덴마크 베이컨이 선호됨) | **작은 양파 500g**
중간크기의 작은 토마토 8개
녹색 고추 12개(병에 든 것, 연하거나 맵거나) | **기름 4TS** | **마늘든 것 4개**
카옌후추 1/2ts
빨갛고 매운 피망 가루 2ts
꼬치에 바를 기름 | **꼬치**
알루미늄 구이용 팬 1개

1인분 당 칼로리 : 2900KJ / 690kcal
단백질 45g / 지방 50g / 탄수화물 18g

요리시간 : 약 50분

체바프치치와 허브샐러드

❶ 흰 양배추를 씻고, 4등분해서 굵고 짧은 줄기를 떼어낸다. 양배추를 섬세하게 자른 뒤, 소금으로 절이고, 주먹으로 5분 동안 으깬다. 양배추를 약 20분 동안 가만히 놔둔다.
❷ 그 사이에 다진에 고기를 그릇에 넣는다. 양파를 까서 작은 주사위 모양으로 자르고, 소금, 후추, 피망가루를 고기에 더한다. 이것을 매끄러운 반죽으로 만든다.
❸ 반죽으로 달걀모양의 고기말이를 만든다. 고기말이를 기름 바른 꼬치에 꽂는다. 꼬치를 알루미늄 구이용 냄비에 넣고 익힌 후, 뚜껑을 덮은 상태에서 식힌다.
❹ 피망을 4등분하고, 줄기 끝부분과 씨 그리고 흰 분리벽을 떼어내 씻고, 물기를 빼고, 짙은 녹색을 제외한 부분을 작은 링 모양으로 자른다.
❺ 식초에 소금, 후추, 설탕과 카룸을 넣고 섞는다. 중간 중간에 기름을 조금씩 넣는다. 이렇게 만들어진 마리나데를 피망과 양파와 함께 양배추에 넣는다. 모든 것을 잘 섞는다.
❻ 꼬치를 두루두루 12~15분 동안 구우면서 기름을 발라준다. 샐러드와 함께 대접한다.

4인분
샐러드 만들기 : **흰 양배추 500g**
소금 | **중간크기의 빨간 피망 1개**
식초 4TS | **금방 빻은 흰 후추**
봄 양파 1개 | **약간의 설탕**
카룸 2ts | **기름 6TS**
체바프치치 만들기 :
혼합된 다진 고기 500g
양파 125g | **소금** | **금방 빻은 흰 후추**
빨갛고 매운 피망가루 1ts
단 피망가루 1ts
꼬치에 바르기 위한 기름 | **꼬치**
알루미늄 구이용 팬 1개

1인분 당 칼로리 : 2000KJ / 480kcal
단백질 27g / 지방 37g / 탄수화물 10g

요리시간 : 약 1시간 30분

▶체바프치치 : Cevapcici, 유고슬라비아의 요리명

사진 위 : 허브샐러드
왼쪽 : 체바프치치
오른쪽 : 발칸 반도 꼬치

돼지갈비와 숙주샐러드

간장, 꿀, 겨자가루와 카옌후추는 갈비의 껍질을 맛있고 매콤달콤하게 만들어 준다. 여기에 숙주샐러드를 가볍게 곁들이면 더욱 맛있다.

❶ 꿀에 간장과 카옌후추를 섞는다. 겨자가루와 찬물 한 숟갈을 섞어 매끄럽게 풀고 마리나데와 섞는다. 갈비에 마리나데를 바르고 덮은 상태에서 4시간 동안 놔둔다.
❷ 샐러드를 위해 우선 냄비에 물을 채우고 끓인다. 거기에 숙주를 넣고 1분 동안 데친다. 차가운 물에 잠깐 담갔다가 체에 넣고 물기를 뺀다.
❸ 봄 양파를 씻고 짙은 녹색부분을 뺀 나머지 부분을 작은 링 모양으로 자른다. 피망껍질을 반으로 자르고, 줄기가 시작하는 부분, 씨와 흰 분리면을 떼어내어 씻고 물기를 빼서 작은 주사위 모양으로 자른다.
❹ 식초에 소금, 후추, 설탕과 섞는다. 숙주, 양파와 피망조각을 마리나데 안에 넣는다.
❺ 대접하기 전에 아이스버그 샐러리를 씻고, 입에 들어갈만한 크기로 자르고 씻은 후 물기를 뺀다. 아이스버그 샐러리를 평평한 그릇에 펴놓고 숙주샐러드를 그 위에 넣는다.
❻ 갈비를 마리나데에서 꺼내고 휴지로 물기를 제거한다. 갈비를 알루미늄 구이용 냄비에 넣고 15~20분(굵은 갈비는 30~35분) 동안 굽는다. 그동안 자주 마리나데를 발라준다.

4인분
꿀 4TS | **간장 4TS**
카옌후추 약간 | **겨자가루 1ts**
넓적 갈비 1.5kg(혹은 1인분씩으로 나눈 두꺼운 갈비 1kg) | **알루미늄 그릴 냄비 1개**
샐러드 만들기 : **숙주 250g**
봄 양파 1묶음 | **식초 4TS** | **소금**
중간 크기의 빨간 피망껍질 1개
금방 빻은 흰 후추 | **설탕 약간**
기름 6TS | **아이스버그 샐러리**
(엉거시과 식물과에 속함) **1/2개**

1인분 당 칼로리 : 3200KJ / 760kcal
단백질 51g / 지방 54g / 탄수화물 19g

마리나데에 담는 시간 : 4시간
요리시간 : 약 50분

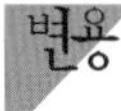

마리나데의 재료를 개인의 구미에 따라 바꿀 수 있다. 마리나데에 호두 크기의 생강을 갈아서 넣거나(이것은 약간 연하다) 꿀 2TS을 생강 잼 2TS으로 대체한다. 또는 다져진 상태로 녹색 병에 담긴 후추 알 1~2ts을 넣거나, 간 서양 고추냉이 2ts으로 고기의 매운 맛을 더해준다.

갈비를 직접 이로 뜯어먹는 것도
그릴의 독특한 재미다.

속을 채운 양 뒷다리

양 뒷다리는 전기 회전꼬치가 있는 구이장치에서만 구울 수 있다.

8인분
양 뒷다리 1개(약 2.5kg)
속 : **건조된 무화과의 열매 100g** ǀ **완전 발효된 백포도주 1/8ℓ**
마늘 4쪽 ǀ **골파 100g** ǀ **작고 신선한 로즈마리 가지 1개**(건조된 것 2ts으로
대체될 수 있음) ǀ **소금** ǀ **검정 후추 알 6개** ǀ **아니스 씨 1/2ts**
다진 호두 50g
겨자껍데기 : **씨가 많은 겨자 4ts** ǀ **기름 2TS**
신선한 백리향 1/2묶음(건조된 것 3ts로 대체될 수 있음)
거칠게 빻은 검정 후추 1/2ts ǀ **부엌용 실**

1인분 당 칼로리 : 2800KJ / 670kcal
단백질 44g / 지방 49g / 탄수화물 9g

요리시간 : 약 3시간 30분

❶ 칼로 양 뒷다리의 뼈까지 깊숙이 파고들어 뼈를 제외한 살코기를 잘라낸다. 고기의 지방 부분에 칼로 십자가 모양을 낸다.
❷ 속을 위해서 무화과의 열매를 작은 냄비에 넣고 백포도주와 함께 끓인다. 열매를 약한 열에서 5분 동안 끓이고 불에서 내려서 식힌다. 열매의 물기를 빼고 작게 썬다.
❸ 마늘을 깐다. 골파를 까고 작은 주사위 모양으로 자른다. 로즈마리를 씻어서 물기를 빼고, 줄기에서 가시를 떼어낸다.
❹ 마늘, 로즈마리 가지, 소금, 후추 알과 아니스 씨를 절구에다가 넣고 으깬다. 아니면 전기 다지는 기계로 으깬다. 무화과의 열매를 골파와 호두와 함께 양념혼합물과 섞는다.

❶

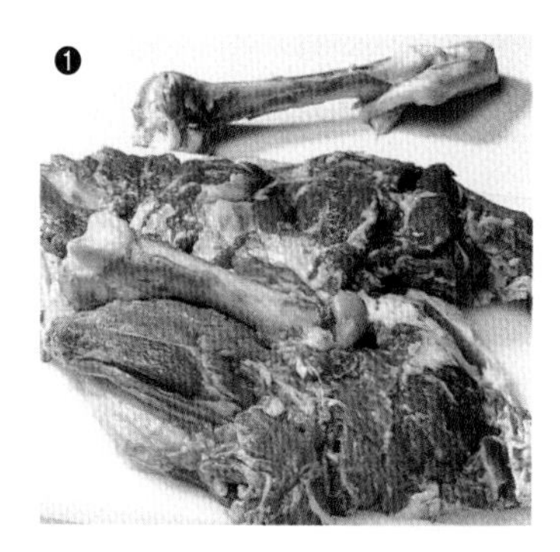

❷

❸

❹

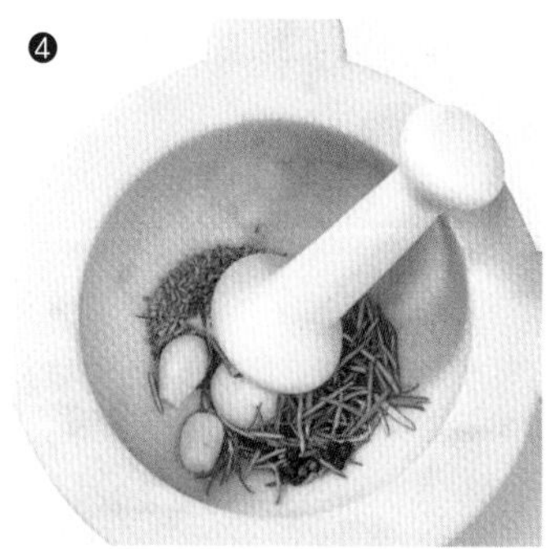

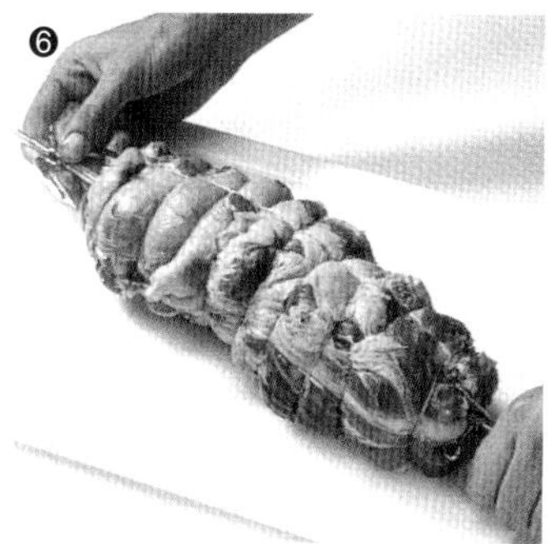

❺ 양 뒷다리의 안쪽에 소금과 후추를 뿌린다. 전에 만든 속을 고기 안에 바르는데, 고기 속에 펴바르고 남은 여백이 3cm 정도 되게 한다. 고기를 말아 실로 단단히 고기를 묶는다.
❻ 양 뒷다리를 회전꼬치에 꽂고 고정 집게로 고정시킨다. 그릴에서 2시간에서 2시간 30분 동안 굽는다.
❼ 겨자껍데기를 위해서 겨자를 기름과 섞는다. 백리향을 씻고 물기를 뺀 후 줄기에서 잎을 떼어낸다. 기름을 섞은 겨자에 후추를 더해서 섞는다.
❽ 양고기가 거의 구워지기 20~30분 전에 겨자혼합물을 바른다. 다 구워지면 불에서 내리고 10분 동안 식혔다가 자른다.

변용 고급버섯치즈 125g을 포크로 뭉개서 껍질이 두 겹인 신선한 치즈 100g과 프로방스 허브 1TS을 넣는다. 기호에 따라 마늘 두 쪽을 으깨서 넣는다. 속을 방금 빻은 후추와 약간의 소금으로 간을 맞춘다. 봄 양파를 씻고 짙은 녹색부분을 제외한 부분을 작은 링 모양으로 자른다. 봄 양파를 치즈크림과 섞는다. 양 뒷다리에 위의 속을 바르고 전과 같은 과정으로 처리를 한다.

뱀장어꼬치

❶ 뱀장어를 흐르는 물에 씻어 물기를 닦고 먹기 좋은 크기로 자른다. 베이컨을 대각선으로 2등분 한다. 각 베이컨으로 뱀장어 조각 위를 감싼다.
❷ 양파를 까서 4등분한다. 샐비어를 씻어 물기를 닦고 잎을 떼어낸다. 뱀장어, 양파와 샐비어를 기름을 바른 꼬치에 번갈아가며 꽂는다. 꼬치를 알루미늄 그릴 팬에 넣는다.
❸ 기름에 후추, 육두구와 아니스 씨를 섞는다. 꼬치를 자주 돌려주면서 12~15분 동안 굽고 기름혼합물을 바른다.

4인분

신선한 뱀장어 1kg(생선가게에서 껍질을 벗겨달라고 한다) | **아니스 씨 1/2ts**
베이컨을 얇은 조각으로 100g
양파 250g | **신선한 샐비어 가지 1개**
기름 3TS | **방금 빻은 검정 후추**
방금 간 약간의 육두구 종자
꼬치에 바르기 위한 기름 | **꼬치**
알루미늄 구이 팬 1개

1인분 당 칼로리 : 3900KJ / 930kcal
단백질 41g / 지방 84g / 탄수화물 4g

요리시간 : 약 35분

프로방스식 잉어

토마토, 올리브, 마늘, 레몬즙과 기름으로 만든 신선한 소스는 구운 생선 위에 붓는다.

❶ 마늘을 까고 올리브와 함께 작은 주사위 모양으로 자른다. 토마토를 씻어 물기를 빼고 역시 작은 주사위 모양으로 잘라 꼭지 부분을 떼어낸다.
❷ 레몬즙의 반과 소금, 후추를 섞는다. 올리브기름 5TS을 조금씩 넣어 섞는다. 마늘, 올리브와 토마토를 소스에 넣고 다 섞는다.
❸ 잉어를 흐르는 차가운 물에 씻고 휴지로 건조시킨다. 그 안을 소금과 후추로 양념하고, 나머지 레몬즙을 뿌린다. 로즈마리를 씻어 건조시키고, 조각으로 잘라 잉어 위에 얹는다.
❹ 잉어를 구이 바구니나 알루미늄 구이용 팬에 넣고 양 면을 15~20분 동안 굽는다. 중간 중간에 기름을 바른다. 다익은 잉어의 껍질을 제거하고 토마토 올리브 소스를 생선에 붓는다.

4인분

마늘쪽 2개 | **익은 토마토 큰것 4개**
소금 | **검정 색 씨가 없는 올리브 50g**
레몬 1개의 즙 | **금방 빻은 검정 후추**
차게 짠 올리브기름 6TS
손질된 잉어 4마리
큰 로즈마리 가지 1개(건조된 것 4ts으로 대체될 수 있음)
구이용 바구니 아니면 알루미늄 구이용 그릇 4개

1인분 당 칼로리 : 2200KJ / 520kcal
단백질 51g / 지방 33g / 탄수화물 6g

요리시간 : 약 1시간

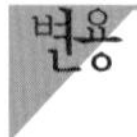

바다연어나 아이슬란드 생선(Rotbarsch)도 이런 식의 요리 방법을 적용할 수 있다. 생선을 소금과 후추로 양념한다. 레몬즙과 올리브기름을 뿌리고 로즈마리를 더한다. 그것을 호일에 싸서 구운 후, 위의 소스와 함께 대접한다.

사진 위 : 뱀장어꼬치
아래 : 프로방스식 잉어

자테꼬치

❶ 마리나데를 위해 골파와 생강을 까고 믹서에 넣는다. 간장과 코코넛우유를 넣어 모두 섞는다.
❷ 닭 가슴 살과 새우를 씻고 물기를 뺀다. 닭 가슴 살과 소고기 등심을 3mm 두께, 3cm 넓이, 9cm 길이로 자른다. 고기와 새우에 마리나데를 바르고 덮은 상태에서 30분 동안 냉장고에 넣어둔다.
❸ 고기를 아코디언 건반 모양으로 좁게 칼금을 내고 물을 묻힌 꼬치에 꼽는다. 새우도 역시 물을 묻힌 꼬치에 꽂는다.
❹ 꼬치를 알루미늄 구이용 팬에 넣어 각 면을 4~5분 동안 굽고, 가끔 마리나데를 발라준다.

긴 레몬 풀 3cm와 고수풀 씨 1/2ts으로 다른 재료들과 함께 마리나데를 만들면 동양적인 맛이 훨씬 더 강해진다.

4인분

골파 2개 | **닭 가슴 살 200g**
신선한 생강 조각 1개(호두 알 크기)
간장 2TS | **알루미늄 그릴 팬 2개**
설탕이 들어가지 않은 코코넛우유
8TS(우유로 대체될 수 있음)
가넬렌(새우) **8마리**
소고기 등심 200g | **가는 나무꼬치 2개**

1인분 당 칼로리 : 670KJ / 160kcal
단백질 25g / 지방 5g / 탄수화물 2g

마리나데에 넣는 시간 : 30분
요리시간 : 30분

▶ 자테(Sate)꼬치 : 태국의 대표요리

동양식 스테이크

❶ 간장에 셰리, 잠발 소스(24p 참조), 꿀을 섞는다. 마늘을 까서 압축기로 짠다. 칠리고추를 길게 반으로 자르고, 줄기 끝 부분과 씨를 떼어낸 뒤, 잘 씻은 후 물기를 빼 작은 주사위 모양으로 자르고 마리나데에 넣는다.
❷ 골반 부위의 스테이크를 그릇에 넣고 마리나데를 붓는다. 덮은 상태에서 6시간 동안 그대로 두는데 가끔씩 뒤집어준다.
❸ 스테이크를 마리나데에서 꺼내고 턴다. 각 면을 10~12분 동안 굽고 계속 마리나데를 발라준다.

땅콩크림 4TS을 닭고기 육수에 넣고 잘 저어 간장과 칠리고추가루로 양념을 해서 만든 매운 맛의 땅콩 소스를 스테이크와 함께 대접해 본다.

4인분

간장 4TS | **셰리 2TS**
잠발소스 2ts | **꿀 1ts**
마늘 2쪽 | **빨간 칠리고추 2개**
녹색 칠리고추 2개 |
골반 부의 스테이크 4개(각 약 200g)

1인분 당 칼로리 : 1500KJ / 360kcal
단백질 42g / 지방 20g / 탄수화물 3g

마리나데에 넣는 시간 : 6시간
요리시간 : 약 30분

사진 위 : 동양식 스테이크
아래 : 자테꼬치

윤기 나는 칠면조 뒷다리

❶ 칠면조 뒷다리를 씻고 휴지로 물기를 뺀다. 고기를 말고 실로 묶는다.
❷ 겨자에 기름, 설탕, 식초, 패랭이 꽃가루와 칠리고추가루를 섞는다.
❸ 뒷다리를 두루두루 35~40분 동안 굽고, 이따금씩 마리나데를 바른다.

칠면조 뒷다리에는 신선한 당근샐러드가 어울린다. 곱게 간 당근 500g을 역시 갈아놓은 사과 한 개와 섞고, 깨끗하고 곱게 자른 봄 양파를 더한다. 레몬 1개의 즙과 기름 1TS을 거기에 섞고 갈은 생강으로 샐러드의 간을 맞춘다.

6인분
뼈가 없는 암칠면조 뒷다리 1개(약 900g)
매운 겨자 2TS ∣ 기름 6TS
갈색 설탕 3TS ∣ 백포도주 식초 4TS
패랭이 꽃가루 약간
칠리고추가루 1/2ts ∣ 부엌용 실

1인분 당 칼로리 : 1600KJ / 380kcal
단백질 33g / 지방 18g / 탄수화물 21g

요리시간 : 약 1시간 30분

가금류 롤

❶ 칠면조 커틀렛을 씻고, 물기를 뺀 후 판판하게 누른다. 소금과 후추로 양념을 하고 겨자를 바른다.
❷ 마요란을 씻고 물기를 뺀다. 잎을 줄기에서 떼어내고 다진다. 그 중에 1~2ts을 기름, 후추와 섞고 따로 놓는다.
❸ 부추를 씻고, 길게 반으로 자르고 깨끗이 씻는다. 4등분해서 5cm 길이의 조각으로 자른다. 치즈를 거칠게 간다.
❹ 부추, 치즈와 나머지 마요란을 칠면조 커틀렛에 뿌린다. 커틀렛을 말고 실로 묶어 롤을 만든다.
❺ 롤은 25~30분 동안 굽고, 양념기름을 중간 중간에 발라준다. 대접하기 전에 실을 제거한다.

4인분
얇은 칠면조 커틀렛 4개(각 약 100g)
소금 ∣ 흰 후추 ∣ 기름 2TS
금방 빻은 중간정도 매운 겨자 4ts
신선한 마요란 1단(건조한 것 4ts로 대체할 수 있음) ∣ 부추 1단
적당히 오래된 구다 치즈 150g
부엌용 실

1인분 당 칼로리 : 1300KJ/310kcal
단백질 31g / 지방 19g / 탄수화물 3g

요리시간 : 약 1시간

사진 위 : 칠면조 뒷다리 요리
사진 아래 : 가금류 롤

동양식 양 커틀릿

❶ 요구르트에 소금을 넣고 식힌다.
❷ 마늘을 깎고 다진다. 기름을 냄비에 넣고 데우고, 그 안에 마늘을 약간 볶는다. 아니스 씨, 계피가루, 크로이츠퀌멜과 후추를 더한다. 모든 것을 1/2분 정도 볶는다. 냄비를 불에서 내린다.
❸ 박하를 씻고 물기를 뺀다. 줄기에서 잎을 뽑고, 섬세히 다지고 양념혼합물과 섞는다.
❹ 가지를 씻고, 물기를 빼고, 줄기 시작하는 부분을 떼어낸다. 가지를 반으로 자르고, 과육을 몇 번 포크로 찍어 양념혼합물을 바른다. 반을 다시 합치고 호일로 싼다.
❺ 양 커틀릿의 지방 끝을 칼로 자른다. 커틀릿에 나머지 양념혼합물을 바른다. 각 두 개의 커틀릿을 아래위로 쌓고 그릇에 담아서 덮은 상태에서 2시간 동안 그대로 둔다.
❻ 양념혼합물을 휴지로 찍어내고, 커틀릿과 가지를 그릴 위에 놓는다. 커틀릿의 각 면을 5~7분 동안 굽고, 몇 분 지나서 양념 혼합물을 바른다. 가지를 10분 동안 굽는다.
❼ 가지를 호일에서 꺼내어 각 반쪽에 요구르트를 발라준다. 양 커틀렛과 함께 대접한다.

4인분

단맛이 없는 요구르트 150g | 소금
마늘쪽 4개 | 기름 4TS
아니스 씨 1/2ts | 계피가루 약간
빻은 크로이츠퀌멜 약간
방금 빻은 검정 후추 | 신선한 박하 1/2 단
중간 크기의 가지 2개
쌍둥이 양 커틀릿 4개(각 150g)

1인분 당 칼로리 : 2700KJ / 640kcal
단백질 26g / 지방 58g / 탄수화물 7g

마리나데에 넣는 시간 : 2시간
요리시간 : 약 45분

▶ 크로이츠퀌멜(양념으로 쓰이는 회양식물, 식물명 Cuminum Cyminum)

다른 마리나데를 만들어 보세요.

빻은 카룸 1ts을 단 피망가루 1TS, 크로이츠퀌멜 1ts과 박하 약간과 섞는다. 다진 마늘 2쪽과 섬세히 간 레몬의 껍질을 섞는다. 양 커틀릿은 마리나데를 바르고 덮은 상태에서 냉장고에 2~3시간 동안 넣어 둔다. 피망가루가 타지 않게하기 위해 양 커틀릿을 알루미늄 구이용 팬에 굽는다.

동양식 양 커틀릿은 약간 맵다.

국립중앙도서관 출판시도서목록(CIP)

숯불구이 / 지은이: 안트제 그뤼너, 오데테 토이브너. --
파주 : 범우사, 2006
p. ; cm

원저자명: Gruner, Antje
원저자명: Teubner, Odette
ISBN 89-08-04370-5 04590 : ₩8000
ISBN 89-08-04367-5(세트)

594.75-KDC4
641.76-DDC21 CIP2006000897

숯불구이

초판 1쇄 발행 — 2006년 5월 25일

지은이 : 안트제 그뤼너(외)
펴낸이 : 윤 형 두
펴낸데 : 범 우 사
등록일 : 등록 1966. 8. 3 제 406-2003-048호
주 소 : 413-756 경기도 파주시 교하읍 문발리 525-2
전 화 : (대표) 031-955-6900~4 / FAX 031-955-6905

파본은 교환해 드립니다
(홈페이지) http://www.bumwoosa.co.kr
(E-mail) bumwoosa@chol.com
ISBN 89-08-04367-5 (세트)
89-08-04370-5 04590

안트제 그뤼너 Antje Grüner

20년 간 이론과 실제에 있어 영양과 관련된 일에 종사하고 있다. 오랜 기간 외국에 있으면서 요리에 대한 국제적인 시각을 갖게 되었다. 그녀는 편집자로서 여러 세대에 걸쳐 종사했으며 지금은 프리랜서로 음식에 관한 기자와 요리책 저자로 일하고 있다.

오데테 토이브너 Odette Teubner

요리 사진 작가인 아버지 크리스티안 토이브너에 의해 교육을 받았다. 현재는 음식 사진 스튜디오 토이브너에서 일을 하고 있으며, 여가 시간에는 그의 아들을 모델로 어린이 초상화를 그리는데 몰두하고 있다.